Photoshop
×
Illustrator
輕鬆上手學設計

適用CC 2020/2021

結合設計界最普及的兩大工具，
輕鬆學會最常見與最流行的案例設計！

序 | *preface*

Photoshop、Illustrator 是兩套軟體是商業設計界常使用的設計軟體。本書採用現在較為流行的教學技法，是筆者從事商業設計以及網頁設計工作二十多餘年之豐富經驗，並遠赴日本各地區域為書中的範例圖片攝影取材，再利用各項軟體強項完成每一樣商業設計作品。

筆者對設計非常執著，希望能透過教學傳達設計在日常生活中的重要性，因此特別整合各項軟體之技能，並結合各類商業、文創設計範例撰寫本書，內容以實用的商業設計範例為主，包含各式文宣品設計、明信片設計、動靜態廣告 Banner 設計、海報設計、LINE 貼圖設計、書籍封面設計、插圖設計繪畫…等，祝大家學習愉快。

楊馥庭（庭庭老師）

目錄 | *contents*

3 多用途小卡片設計

4 Line 貼圖創作

5　Line 動態貼圖創作

6　Line 照片貼圖創作

10 巧克力手提袋包裝設計

11 日本旅行明信片設計

01

父親節卡片設計

適用：CC 2020-2022

設計概念

以文字為主題的設計，圖片中使用透明使用 Photoshop 軟體完成，加入材質製作出紙張質感效果，使用暖色調顏色呈現溫暖溫馨的海報風格設計，主題文字設計繪製出鬍子造型來呈現標題文字。

軟體技巧

使用鋼筆工具描繪鬍子以及標題文字，文字工具製作標題文字，漸層顏色漸層背景顏色。

檔案

✦ 第 1 章 >
　父親節卡片完成 .psd

▶ 利用矩形工具繪製一個漸層背景
　顏色，使用線性漸層。

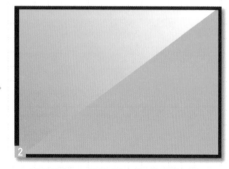

▶ 利用鋼筆工具繪製一個漸層背景顏
　色。

▶ 用文字工具輸入文字，設定粗黑
　體字體為主。

▶ 利用鋼筆工具繪
　製鬍子，並左右
　鏡射鬍子。

完成圖

1-1
Section

海報設計編排技巧

版面編排對設計師來說，是一種很難使用言語形容的技術，設計師即使使用相同的設計素材、元素、圖檔以及文字，在不同的設計師手裡，也會出現千變萬化的版面形式。

下列的範例是使用「無彩色」顏色來區隔，使用「黑、灰、白」顏色，利用無彩色明暗來做變化，您可以發現在版面中，來有層次分明的視覺效果，透過簡單的色調明暗變化，可以讓畫面產生不同的層次與視覺效果。

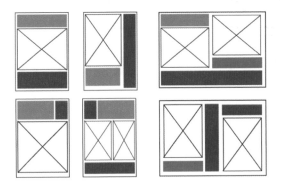

1-1-1　N 型的動線編排設計

N 型的設計動線是我們常看見的閱讀方向，常使用在電子報紙、平面海報設計、平面廣告 DM 設計等。

透過簡單的色塊分色，使用無彩色明暗變化，可以讓畫面產生不一樣的層次感以及視覺效果。

如底下的範例，雖然都是採用無彩色的灰階，但我們可以看到不同深淺的明暗變化運用在標題、內文、圖片…中，對版面產生的影響。如全部採用同一種灰色來設計版面，會難以感覺出明顯的區塊分界，較無法集中視覺焦點；而白色的底色如搭配深色文字，相對地會使文字明顯許多。在照片的選擇上也建議使用顏色較深的照片，才能突顯照片本身的可視範圍。

在底色與文字的搭配上，白色底建議搭配深色文字，才能使文字變得易讀。而黑色底適合用淺色系文字來搭配，如此文字才相對醒目。

1-1-2 圖文與編排設計

何謂圖文整合編排設計,圖即是文、文即是圖,好的版面配置除了文字閱讀上的流暢性外,還需要兼具到整體版面的風格與美感設計,這需要花時間與經驗的累積來提升。

1-2 父親節卡片設計
Section

1-2-1　新增一個空白海報畫面

在 Photoshop 內新增一個空白畫面。點選「檔案 > 開新檔案」，設定「列印：A4 尺寸，解析度：100、像素 / 英吋、背景內容：白色、色彩模式：RGB 色彩」，設定完成後按下「建立」按鈕。

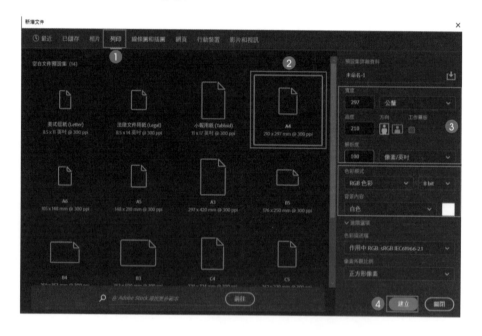

TIPs

解析度設定 100~150 DPI 可提供一般印表機列印使用；如果印刷品要大量印刷，則解析度建議改為 300~350 DPI，如設定過低，會使圖片在印刷時出現馬賽克現象。

RGB 色彩模式可供一般印表機列印使用，如果要大量印刷，則使用的色彩模式必須改設為印刷四色 CMYK。

1-2-2　製作漸層背景底色

父 01
親
節
卡
片
設
計

日 02
系
料
理 Banner
廣
告
動
態
設
計

多 03
用
途
小
卡
片
設
計

Line 04
貼
圖
創
作

Line 05
動
態
貼
圖
創
作

step 01　首先繪製一個底色，在工具列中選擇「矩形工具」。

step 02　在上方控制面板選擇「形狀、填滿選擇：漸層顏色、筆畫顏色：不上色」，並且在漸層顏色設定為「線性漸層」，在「漸層滑桿底」下方的顏色功能選項點兩下，設定顏色為「粉紅色」。顏色設定完成後，對著畫面繪製一個矩形漸層底圖。

點兩下修改顏色為粉紅色

點兩下修改顏色為低飽和度淺粉紅色

step 03 繪製畫面中的對角三角形色塊，接下來利用工具列中的「鋼筆工具」，在上方的控制面板選擇「形狀、填滿：漸層顏色」。設定完成後，利用「鋼筆工具」繪製一個三角形，調整出不一樣的漸層顏色。

step 04 右下角的三角形繪製完畢之後，因為是使用形狀物件功能繪製的色塊，所以在圖層面板中會產生一個「形狀圖層」。

如果想要修改右下角三角形的物件調整為漸層顏色，可以點選圖層中的形狀色塊，在圖層中的色塊上點兩下，開啟漸層填色面板。

點選此處點兩下可以展開漸層面板，並且修改漸層顏色

父 01
親
節
卡
片
設
計

日 02
系
料
理
廣
告
動
態
Banner
設
計

多 03
用
途
小
卡
片
設
計

Line 04
貼
圖
創
作

Line 05
動
態
貼
圖
創
作

step 05 展開「漸層填色面板」調整漸層樣式為「線性漸層」，調整「角度 38.11」後，按下「確定」按鈕。

1-2-3 製作材質效果

製作背景材質可以增添平淡的背景底圖，讓底圖看起來有材質質感。

step 01 點選圖層面板，點選繪製好的形狀圖層，點兩下展開「圖層樣式面板」。

將紋理的選項打勾之後,在同樣的地方點選按「設置」的圖案加入材質,該材質效果為 Photoshop 軟體內建效果,讀者在這裡可以挑選合適的材質,也可以自行調整想要的材質紙張效果;挑選不一樣的材質可以創造出不同的創意。

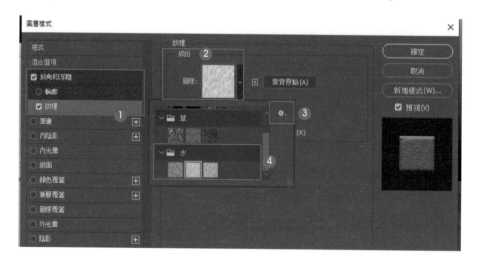

調整「深度參數設定 -46」,可以加強形狀圖層材質紋理效果,完成後調整紋理深度效果及「縮放」效果,縮放的比例縮放材質的參數 362,讀者可以自行調整參數,之後按下「確定」按鈕。

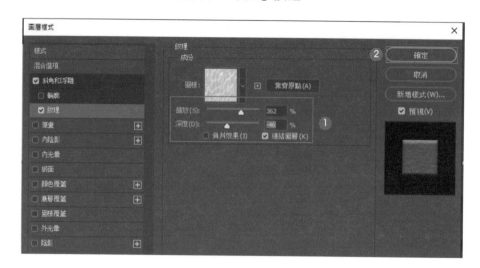

step 04 前面設定的兩個三角形形狀圖層都需要製作紋理效果，在圖層上點兩下，套用剛才所製作紋理效果即可。

兩個形狀圖層都需要加入圖層樣式中的紋理效果

1-2-4　製作海報中的標題文字

標題海報文字製作是整張海報的主題重點，建議使用粗黑字體來呈現，至於底色配色較深，使用的標題文字建議用淺色系的配色較佳。

step 01 接下製作海報中的標題文字，點選工具列中的「文字工具」，在畫面點一下輸入「 HAPPY FATHER'S DAY」，輸入完畢之後反選畫面中的文字，利用「視窗 > 字元」面板中的功能開啟字元面板後，調整「字型樣式、字型大小、顏色為白色、字元距離」。

1. 字型大小為 150 pt
2. 字元距離為 0
3. 字型顏色為白色
4. 字體樣式為粗黑體較佳（讀者可以自行挑選電腦有的字型來設計）

step 02 接著要移動畫面中的文字，點選工具列中的「移動工具」，在上方控制面板點選「圖層」，將「自動選取」選項打勾，將該選項打勾可以自動選取並輕易點選移動畫面中的文字，將文字調整到適合的位置。

step 03 接著，旋轉畫面中的文字，調整適當角度，點選「編輯 > 任意變形」。旋轉調整方向確認完畢之後按下「Enter」鍵。也可以按下「Ctrl+T」變形快速鍵旋轉調整物件，調整完成後按下「Enter」鍵。

1-2-5 增加文字立體感

接下來製作文字立體感，可以透過陰影效果，讓畫面中的文字看起來更有張力。

step 01 在文字圖層上點兩下展開「圖層樣式」面板。

step 02 在圖層樣式中將「內陰影」的選項打勾，設定「混合模式：色彩增值、顏色：粉紅色、不透明度：43%、尺寸：18 像素、間距：4 像素」，調整完成後，按下「確定」按鈕。

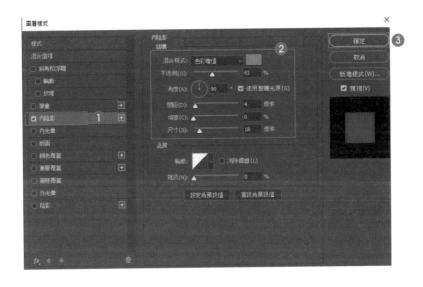

1-2-6 繪製翹鬍子

描繪爸爸的翹鬍子圖案，將畫面中的文字效果看起來更生動活潑。

step 01 首先點選工具列中的「鋼筆工具」，利用鋼筆工具功能描畫鬍子的外型。

step 02 在上方控制面板選擇「形狀」，設定「填滿：白色、筆畫顏色：不上色」。

step 03 繪製完成之後，再使用圖層樣式裡面剛才建立的與標題相同的圖層樣式效果「內陰影」效果，直接套用就可以呈現相同的風格。

step 04 製作完畢後，再點選工具列中的「移動工具」移動畫面中的鬍子圖案，可以按住「Alt」不放拖曳複製，再多複製一組鬍子圖案，複製完畢後，可以按下「Ctrl+T」的快速鍵，調整角度以及大小，調整完畢後按下「Enter」確定。

02

日系料理 Banner
廣告動態設計

適用：CC 2020-2022

💡 設計概念

使用暖色調的配色為主，讓熟食看起來好吃可口，使用鋼筆工具繪製出背景的弧度線，分開圖片照片素材，接著在文字畫面正中間擺上日本國旗來呈現濃濃的日本風料理主題。

🔧 軟體技巧

使用 Photoshop 先編排版面，完成後存檔，再製作成一個 gif 動畫圖檔。

📋 檔案

◆ 第 2 章 > 圖片 >
  01 (1)~01 (16).jpg

◆ 第 2 章 > 圖片 >
  完成品 (動態).gif

◆ 第 2 章 > 圖片 >
  完成品 (靜態).psd

▶ 使用 Photoshop 將圖片置入後,再利用工具列中的「鋼筆工具」描繪中間的黃色弧度曲線的色塊顏色,再使用矩形工具繪製下方的矩形色塊,接著使用文字工具輸入下方的文字,使用橢圓形工具繪製圖形擺在文字與文字中間。

▶ 置入圖片,利用選取工具框選畫面中的圖片,再來製作遮色片。

▶ 利用矩形工具、橢圓形工具繪製日本國旗,以及文字工具輸入文字,再來製作陰影效果。

▶ 製作成逐格動畫後,轉存成 gif 檔案。

Banner 是常見的網路行銷手法，我們在瀏覽網頁時，經常可以看到各種不同版面設計和形式的 Banner。Banner 不僅可以提升企業的曝光度，它同時也是網路行銷廣告中最經濟實惠、在網路行銷媒體中運用最廣泛的設計。

圖片來源：https://www.lativ.com.tw/

2-1-1　Google Adsense 統計比較常用 Banner 尺寸

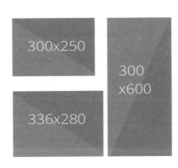

2-1-2 Banner 橫幅廣告基本元素

一個好的 Banner 橫幅廣告設計，通常需要有三個基本元素：

1. 明確的主題訴求（活動主題、節慶主題、商品主題…等）。
2. 品牌商品、商品圖片、商品或品牌 LOGO。
3. 採取行動的原因（例如：優惠價格、季節折扣、限量商品…等）。

圖片來源：https://www.lativ.com.tw/

圖片來源：https://www.lativ.com.tw/

圖片來源：https://www.lativ.com.tw/

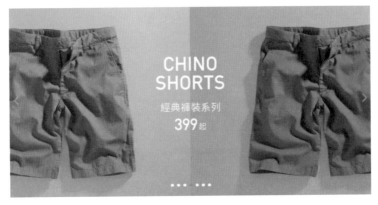

圖片來源：https://www.lativ.com.tw/

2-1-3　Banner 版面內容設計

瀏覽者的目光通常只會在廣告上停留幾秒，因此 Banner 簡單的視覺設計及敘述明確的行銷內容就格外重要，必須在短時間吸引瀏覽者的目光。

圖片來源：https://www.lativ.com.tw/

加各邊框讓畫面更清楚

網頁設計常常會以各種顏色的色底來呈現，如廣告 Banner 設計有明確的邊框，會讓廣告內容更突出。

圖片來源：https://www.ikea.com.tw/zh

文字標題要明確容易讀取

在 Banner 內容放上合適的字體大小，在此建議使用黑體，如果是標題建議粗黑體、副標題則使用中黑體。英文字體建議不要使用草寫，中文字體不要使用草書，避免使觀眾難以判讀文字。

圖片來源：https://www.ikea.com.tw/zh

2-1-4　廣告 Banner 設計常見的檔案格式

廣告 Banner 設計常見的檔案格式有 JPG、PNG、GIF，讀者可以使用 Adobe Illustrator、Adobe Photoshop 等軟體來建立這些圖檔格式。

且根據 Google Adwords 的建議，廣告 Banner 檔案大小最好能保持在 150 KB 以下，如此才能被快速地下載觀看。

此外，使用漂亮且專業的商品照片會影響到消費者的點閱機率，若沒有專業、高品質或模特兒的圖片時，建議可購買有版權的圖片來做商業上的使用。

圖片來源：https://www.ikea.com.tw/zh

2-1-5　色彩消費心理學

色彩的運用在日常生活十分重要，每一種色彩都可代表不同的情感和情緒表達。色彩是一種主觀意識，在不同的文化背景影響下，有著不同的聯想，因此設計師必須了解自己服務的目標客群對象的色彩感受能力，透過色彩與瀏覽者達到良善的傳達與溝通。

圖片來源：https://www.lativ.com.tw/

常見的色彩與消費的關係舉例

顏色	說明
藍色	多用於商業企業或銀行機構裡，主要強調穩定以及信賴安全感。
黃色	吸引注意力。
黑色	高單價的奢侈品。
紅色	多屬動態活潑、前進的顏色，常出現在清倉拍賣的價錢文字上使用。
紫色系	給人高貴的、頂級的感受，在廣告中常被使用在美容保養品及抗衰老產品。
綠色系	讓人聯想到放鬆、大自然、環保，緩解紓壓的感覺。
粉色系	較多年輕的女孩和偏向女性的浪漫色調。
橙色系	活潑的、有活力，使用於下訂、購買出售的行動感覺。

圖片來源：https://www.ikea.com.tw/zh

圖片來源：https://www.ikea.com.tw/zh

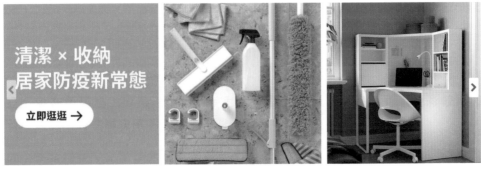

圖片來源：https://www.ikea.com.tw/zh

圖片來源：https://www.ikea.com.tw/zh

也可以使用高對比色彩以及色塊、框線等元素來個別突顯廣告 Banner。

圖片來源：https://www.ikea.com.tw/zh

2-2 Section Banner 廣告設計

2-2-1 新增廣告 Banner 頁面

step 01　開啟 Photoshop，點選「檔案 > 開新檔案」，新增一個網頁廣告 Banner 空白尺寸，設定「尺寸：網頁，寬度：500 像素、高度：250 像素，解析度：72 像素 / 英吋，背景內容：白色，色彩模式：RGB 色彩」，按下「建立」按鈕。

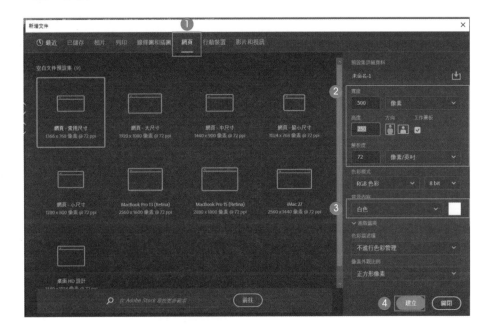

TIPs

網頁設計的色彩模式為 RGB 顏色，解析度為 72 像素 / 英吋。

^{step}
02 點選「檔案 > 置入嵌入的物件」,將「圖片 > 01 (1).jpg」圖片置入畫面中,在左邊與右邊各擺一張圖片,調整大小之後,按下「Enter」按鈕。讀者也可以自行挑選喜歡的素材照片來編排。

2-2-2　繪製曲線條與橫條色塊

^{step}
01 先將畫面正中間的兩張圖片分開,點選工具列中的「鋼筆工具」,在上方的控制面板選擇「形狀」,填滿設為「黃色」。

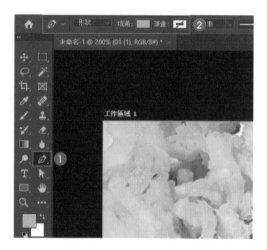

step 02 在上方的控制面板，筆畫顏色設為「不上色」，這時描繪出來的色塊只有填色顏色，沒有筆畫顏色。

step 03 描繪黃色弧度色塊，首先在工具列中選擇「鋼筆工具」，從起始 A 點，再到畫面中的 B 點處，按住滑鼠左鍵壓住不放，拖曳弧度線條弧度線，再拖曳到 C 點，回到 A 點，滑鼠左件壓住不放，可以繪製出弧度線條，畫出一個弧度線的區塊。

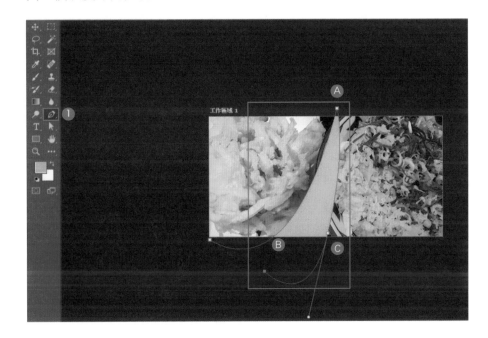

step
04
繪製下方橫條矩形色塊後，在工具列中點選「矩形工具」，上方控制面板點選「形狀」，填滿設為「黃色」，設定完畢之後，在畫面中進行繪製。

2-2-3　繪製下方副標題文字條

step
01
點選工具列中「文字工具」，點一下畫面空白處輸入文字「日式美食饗宴」。

step
02
用滑鼠選取輸入的文字，點選「視窗 > 字元」，開啟字元面板，調整字型樣式，字型為「黑體」、字型級數為「20 pt」、字元距離調整為「2000」，顏色設為「白色」。

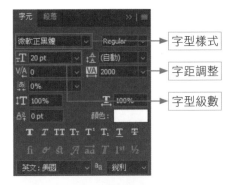

字型樣式
字距調整
字型級數

2-2-4　在副標題文字中加入圓形色塊

step
01
在副標題的文字中間加入圓圈圈，在工具列中選擇「橢圓形工具」，上方的控制面板選擇「形狀」，筆畫選擇「不要填色」。

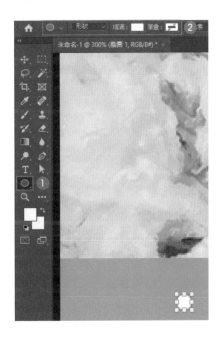

step
02 接著，分別在文字中間加入「圓形」。

step
03 繪製完成後，在圖層會分別
產生「橢圓形」的形狀圖層。

2-2-5　圖片置入製作遮色片效果

step
01 點選「檔案 > 置入嵌入物件」，置入「第 2 章 > 圖片 >01 (1)~01(16).
JPG」圖片檔之後，點選畫面中的圖片，再利用工具列中的「橢圓選取
畫面工具」，對著畫面的圖片框選要呈現的範圍。

step 02

再點選圖層中的「遮色片」功能，圖片就會產生遮色片效果。

TIPs 遮色片顏色代表的意思：

黑色顏色代表隱藏範圍，

白色顏色代表顯示範圍，

灰色顏色代表半透明範圍。

2-2-6　圖層樣式筆畫效果

step 01　利用圖層樣式功能製作出圖片有白色邊框的效果，點選畫面中的圖片，在圖層面板中，該照片的圖層上點兩下。

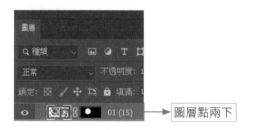

在製作「圖層樣式面板」中，將「筆畫」選項打勾，調整筆畫尺寸大小。建議筆畫尺寸設定「4 像素」，位置設為「內部」，顏色設為「白色」。

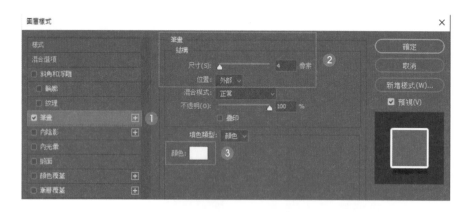

step 02　接著將「陰影」選項打勾，調整陰影的尺寸為「4」，像素與陰影顏色設為「黑色」、不透明度調整為「55%」，角度為「58」度，間距「14」像素，展開為「7」%、尺寸「4」像素，再將滑鼠移動到畫面中的圖片上方，可以局部調整陰影的位置，調整完畢按下「確定」按鈕。

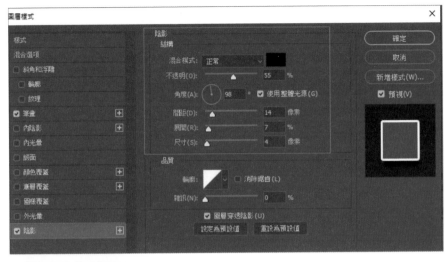

2-2-7 建立圖層樣式功能

step 01

可以將筆畫效果增加圖層樣式效果套用在其他圖片使用。點選「視窗 > 樣式」，打開樣式面板。

視窗(W) 說明(H)

排列順序(A)	▶
工作區(K)	▶
在 Exchange 上尋找延伸功能 (舊版)....	
延伸功能 (舊版)	▶
3D	
工具預設集	
內容	
仿製來源	
時間軸	
動作	Alt+F9
備註	
筆刷	
筆刷設定	F5
資料庫	
資訊	F8
路徑	
✓ 圖層	F7
圖層構圖	
圖樣	
漸層	
輔助按鍵	
樣式	❶
調整	

step
02
開啟樣式面板後，點選「新增樣式」選項。

step
03
重新命名為「樣式1」後，再按下「確定」按鈕。

step
04
建立完畢之後，點選畫面中的圖片，套用步驟1~2所建立的「樣式面板」中，建立的樣式「樣式1」。

2-2-8　製作日本國旗圖案

step
01
繪製長條矩形色塊，在工具列中選擇「矩形工具」，在控制面板填滿設為「白色」，筆畫設為「不上色」。

step 02 再利用工具列中的「橢圓形工具」，按住「Shift」鍵不放，拖曳繪製一個正圓形，在控制面板填滿的顏色設為「紅色」，筆畫顏色設為「不上色」。

step 03 製作國旗陰影效果，讓圖片看起來更加立體。點選「選取工具」選取圖層中的「白色矩形」圖層，在圖層上點兩下，開啟圖層樣式面板，將陰影選項打勾之後，調整陰影參數設定不透明度為「55%」，顏色為「黑色」，角度調整為「27」像素，尺寸為「27」像素。

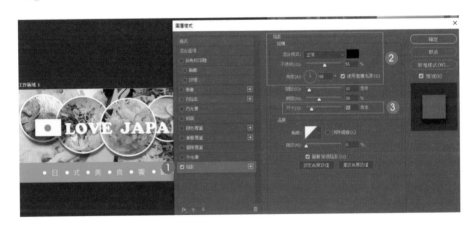

step 04 在畫面中輸入英文字。利用工具列中的「文字工具」，在圖片上點一下輸入「LOVE JAPAN」後將它選取，再點選「視窗 > 字元」調整字型大小、顏色為「白色」。

step 05 字型調整完畢後，點選「選取工具」在圖層中的文字圖層上點兩下，開啟「圖層樣式」面板，將陰影選項打勾，並且調整陰影參數，這時電腦會記錄上一個動作的陰影效果，直接套用即可。

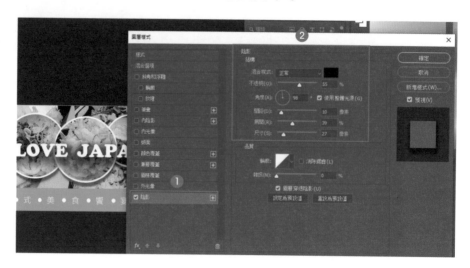

2-2-9 製作逐格動畫，設定播放方式

使平面的圖片動起來，讓畫面更加活潑。網路上常見的網路廣告動畫製作，就是利用 Photoshop 裡的 gif 動畫輕鬆完成。

step 01

首先點選「視窗 > 時間軸」，開啟時間軸面板。

step 02

點選「建立視訊時間軸」，該選項可以進入到一格一格的逐個動畫面板，使用逐格動畫面板在編輯動畫會比較容易。

step 03

將畫面切到以逐格動畫的「秒數」設定畫面，使用一格一格的影格編輯方式編輯動畫，將秒數設定為「0.1 秒」。

^{step}
04 再到圖層面板中，先「關閉」圖層的眼睛，只保留圖層底下的圖片圖層，以及圖層中色塊部分的圖層眼睛是開啟的。讀者也可依照想要的方式呈現，並且在圖層中調整開啟圖層眼睛，以開啟圖層眼睛的順序來製作動畫效果。

關閉圖層眼睛

開啟圖層眼睛

^{step}
05 圖層的設定，如圖呈現。

^{step}
06 開啟「視窗 > 時間軸」來製作逐隔動動畫以及利用「視窗 > 圖層」中的圖層面板，管理圖層中的動畫畫面。

讀者先將圖層中的眼睛先關閉，每增加一個時間軸的動畫動作，便開啟圖層中的眼睛。讀者可以決定要開啟的動畫先後順序。

關閉圖層中的眼睛

step 07　接下來在時間軸的部分，每新增一個時間軸再開啟圖層眼睛，依序做逐格動畫。

step 08　在時間軸面板中，每增加一個動作，就會開啟圖層中的眼睛。

step 09　每增加一個時間軸的動畫動作，便開啟圖層中的眼睛。讀者可以自己決定要開啟動畫的先後順序。

開啟圖層中的眼睛

step 10 在時間軸面板中，每增加一個動作，就開啟圖層中的眼睛。

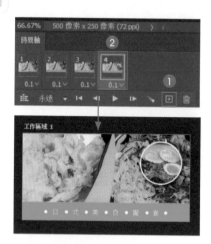

step 11 最後在時間軸面板設定結束後，在圖層中所有的圖層眼睛都會開啟。

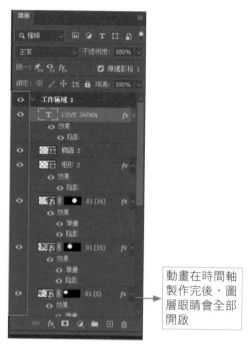

動畫在時間軸製作完後，圖層眼睛會全部開啟

step 12

動畫設定完成後，完整呈現動畫畫面。

step 13

以上動作逐一完成後，再來進行動畫的播放調整測試結果，按下「播放」按鈕欣賞動畫效果，同時設定播放次數為「一次」，讓動畫不會重複播放，最後動畫會停留在最後完成的畫面。

2-2-10　將圖檔轉存 gif 檔案動畫格式

step 01

將製作完成的動畫轉存成 gif 檔案格式，點選「檔案 > 轉存 > 儲存為網頁用」。

step 02 格式設為「GIF」，顏色設為「256」，按一下「儲存」按鈕。

step 03 在儲存面板點選格式「僅影像」，設定完畢之後按「存檔」按鈕 。

03

多用途小卡片設計

適用：CC 2020-2022

💡 設計概念

使用冷色調顏色為主色調，淺藍色的顏色看起較優雅，取景圖片以日本為主題，各地著民景點富士山、東京鐵塔、雪景。

⚙ 軟體技巧

Photoshop 完稿，本單元使用大量的遮色片製作，使用線性漸層以及筆刷工具製作遮色片。

📋 檔案

✦ 第 3 章 > 使用素材 > 01 (1).jpg、01 (4).jpg、01 (6).jpg、01 (7).jpg、LOGO_.png

✦ 第 3 章 > 使用素材 > 完成品 .psd

▶ 利用「矩形工具」繪製漸層背景底色。

▶ 置入照片圖片檔案,再進行「遮色片」效果,利用漸層工具中的線性漸層將上方的漸層顏色刷掉。

▶ 利用筆刷工具的「遮色片」方式刷掉多餘的部分。

▶ 利用「矩形工具」繪製一個藍色的矩形,調整透明度,透過背景顏色,再繪製一個矩形白色邊框。

▶ 利用「文字工具」輸入畫面中的標題文字。

▶ 置入圖片 LOGO 檔案,製作筆畫效果。

完成圖

3-1 色彩運用語配置

3-1-1 認識色彩

色彩是光線產生的顏色變化。光源色是 RGB（紅、綠、藍），色光三原色又稱為加法混色。

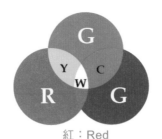

紅：Red
綠：Green
藍：Blue

TIPs 光源色 RGB 特質

1. 顏色偏亮且鮮豔，三個參數 (R255＋G255＋B255) 加總會得到一個白色色光。
2. 色彩較亮、也較鮮豔，每一個顏色可有 255 種變化（0~255）。
3. 大多適用於螢幕上呈現，例如：影片剪接、3D 特效、網頁等。

3-1-2 印刷色彩

TIPs 印刷四色 CMYK 特質

1. 顏色偏暗，印刷四色為青色：Cyan、洋紅：Magenta、黃色：Yellow、黑色：Black，所以 CMYK（青、洋、黃、黑）色料四色又稱為減法混色。
2. 大多適用於印刷、輸出等。

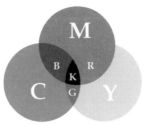

C：Cyan
M：Meganta
Y：Yellow
K：Black

3-1-3　色彩三屬性

以 Phooshop 軟體舉例「色相、明度、彩度」各代表意思。

- 色相：代表顏色，在 Phososhop 以及繪圖軟體中印刷常見的顏色為紅橙黃綠藍靛紫。

- 純度 (彩度)：代表顏色的彩度，有高彩度顏色代表比較鮮豔，低彩度代表顏色飽和度較低。

- 明度：代表顏色的明亮度。

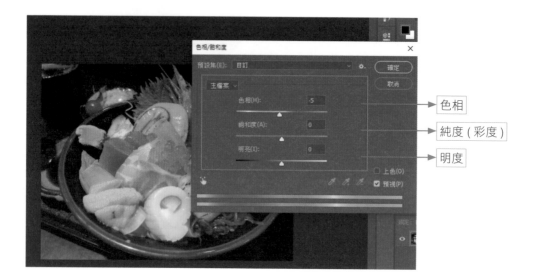

色相

純度 (彩度)

明度

在此畫面可以調整顏色深淺，稱為「明度」。

上下改變色相顏色

點此填色色塊，畫面會跳出檢色器面板的畫面，修改顏色，而顏色就代表色相的意思

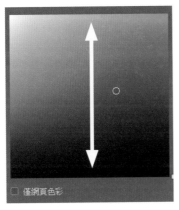

上下箭頭改變明度

左右改變色彩飽和度

色彩心理學

色彩與文化會因不同的國度文化、環境、思想而有所不同，常見的使用顏色配色，不需透過情感或是經驗產生，就能直接傳達出色彩的故事，例如愛心紅色、甜美的顏色為粉色系。

聯想方式使用的顏色，需要利用我們本身的情感及經驗質，去創造這個色彩背後的故事，以產生發想以及聯想性。因此人類對視覺與色彩的直接聯想，比如，天空藍的顏色會直接聯想到好天氣；彩度較低的暗色系，就會聯想到使用者年齡較高，例如百貨公司專櫃高單價的保養品品牌，像是 Chanel、SK2、雅絲蘭黛、MAC…等，所使用品牌顏色較深，其代表沉穩、穩重、有質感的感覺。

圖片來源：https://www.maccosmetics.com.tw

圖片來源：https://sk-ii.com.tw/product/stempower-rich-cream

圖片來源：https://www.esteelauder.com.tw

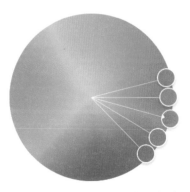

資料來源：Adobe 官方色環網站

3-2-1　色彩特質

藍色：讓人聯想起天空和海洋。有清潔、冷靜、安定、信賴、誠實智慧、信賴等特質。品牌 LOGO 代表，如全聯、三星等。

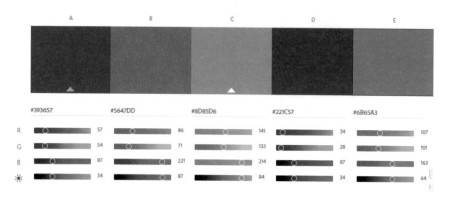

	A	B	C	D	E
	#393657	#5647DD	#8D85D6	#221C57	#6B65A3
R	57	86	141	34	107
G	54	71	133	28	101
B	87	221	214	87	163
☀	34	87	84	34	64

紅色：紅色代表著進取、活潑、刺激和明顯亮眼。因此，如果一個人想引起熱情和廣大回應，紅色是一個較合適的顏色。但另一方面，紅色也有熱情、正義感、積極的、外向、行動、興奮、力量、勇敢、活氣、注意、危險的意思。品牌 LOGO 代表，如麥當勞、頂好超市

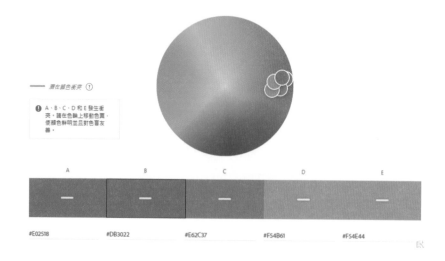

A	B	C	D	E
#E02518	#DB3022	#E62C37	#F54B61	#F54E44

綠色：代表著自然、和平、環保。品牌 LOGO 代表，如星巴克、環保綠能相
關商品。

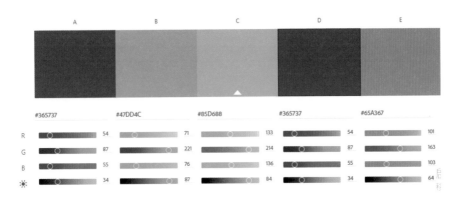

A	B	C	D	E
#365737	#47DD4C	#85D688	#365737	#65A367

	A	B	C	D	E
R	54	71	133	54	101
G	87	221	214	87	163
B	55	76	136	55	103
☀	34	87	84	34	64

黃色：黃色代表著陽光、自
信、積極、光明及溫暖。品
牌 LOGO 代表，如麥當勞。

圖片來源：

https://www.mcdonalds.com/tw/zh-tw.html

粉紅色：根據顏色的強度有很大的不同，明亮的粉紅色使人想起年輕青春、愛
情、感謝、幸福、女性、快樂；淺粉紅色則為浪漫主義。品牌 LOGO 代表，
如 FOODPANDA。

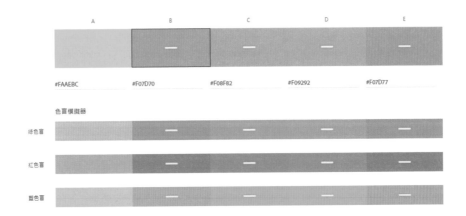

A	B	C	D	E
#FAAEBC	#F07D70	#F08F82	#F09292	#F07D77

色盲模擬器

綠色盲

紅色盲

藍色盲

橘色：代表著活力、樂趣的顏色，較明亮的橘色吸引年輕觀眾。尊敬、感謝、幸福、友情、友好、溫和、依賴、女性。品牌 LOGO 代表，如 MASTERCARD。

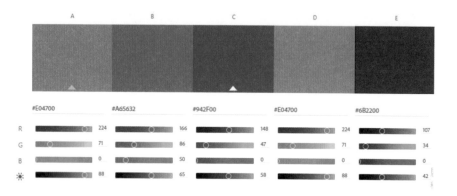

棕色：屬於大地色系，穩定且有著彈性感。有時候，棕色系普遍給人正面的感受，讓人容易感覺親近、無壓力、知性、親和、信賴、平穩、大地、實用、安定感、責任感。品牌 LOGO 代表，如 LOUIS VUITTON。

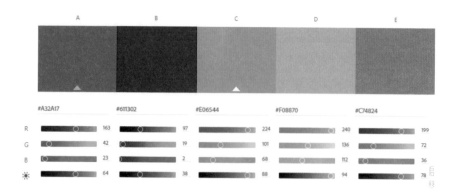

黑色：認為是嚴肅、謹慎，但卻是時尚領域最愛使用的顏色，可以透過光線表現明暗深淺變化。在時尚產業中，黑色是高貴、權威、神秘、優雅的象徵。品牌 LOGO 代表，如 Chanel、YSL 企業品牌形象。

圖片來源：https://www.chanel.com/tw

圖片來源：https://www.yslbeauty.com.tw/home

單色：單一顏色的淺色與深色的變化。

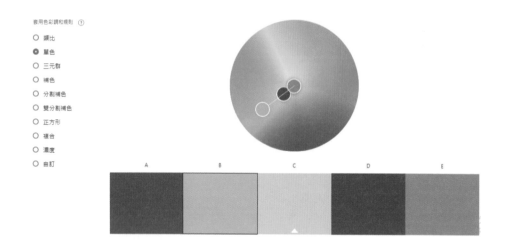

相近色：又稱鄰近色，在色環內 30 度，在配色上或整體設計氣氛上，可以營造出統一以及和諧感，視覺效果很舒適且自然。

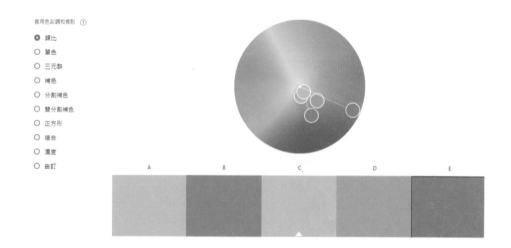

互補色在色環為 180 度：由於色環上為相對角度，因此較能呈現活潑和生命力的搭配。常用於孩童的玩具設計、活潑樂情的畫作表現上、表現衝突感和對比感的視覺感官效果。

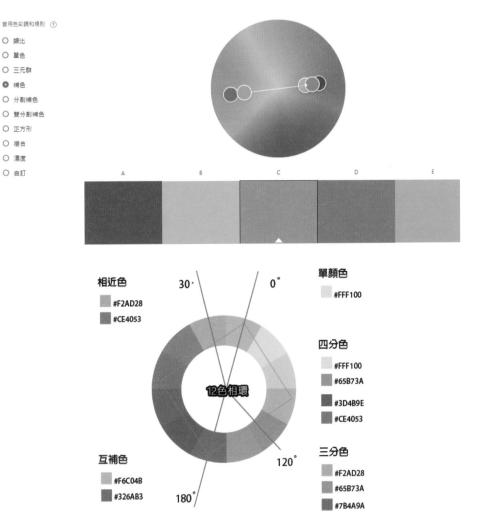

三分色在色環為 120 度：明度和飽和度的對比來調整配色，可讓色彩較柔和且不單調，有些層次感的變化。

四分色多樣化配色：由四個顏色形成的配色，在色環圖表中使用矩形線條框呈現，圖表中兩者皆由互補色組成。顏色多元四分色必須有兩個暖色相和兩個冷色相搭配使用。

色彩心理學與實用的配色網站資料來源：Adobe 官方色環網站 https://color.adobe.com/zh/create/color-wheel

3-3 多用途小卡片設計

Section

3-3-1　新增一個底色卡片檔案

step 01　建立一個空白頁面，點選「檔案 > 新增」選擇「列印」，設定「寬度：15公分，高度：15公分，解析度：150像素/英吋，色彩模式：RGB」。

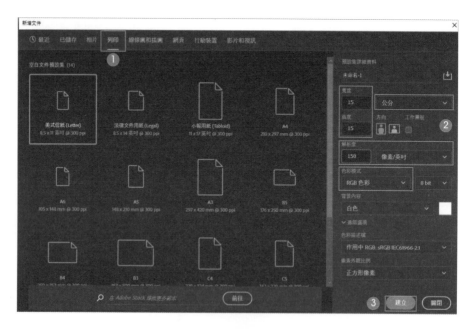

step 02　接著，繪製一個矩形色塊底色，在工具列中選擇「矩形工具」。

父01
親
節
卡
片
設
計

日02
系
料
理 Banner
廣
告
動
態
設
計

多03
用
途
小
卡
片
設
計

Line 04
貼
圖
創
作

Line 05
動
態
貼
圖
創
作

step 03
在上方控制面板選擇「漸層顏色」，讀者可以選擇喜歡的顏色，漸層類型選擇「線性漸層」，再點選「漸層編輯器」後編輯顏色。

step 04
在預設集選擇「黑白」漸層顏色，在下方面板的左邊設為「淺藍色」，右邊設為「粉色系」來搭配版面配色。

漸層顏色選擇「黑白」漸層

右邊的顏色為粉色系

左邊的顏色為淺藍色

step 05
顏色調整完後，利用「漸層工具」在圖片上由下往上拖曳繪製出一個漸層矩形。

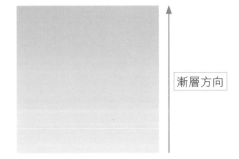

漸層方向

3-3-2 背景風景照片製作

step
01 首先將圖檔置入，製作成背景底圖，點選「檔案 > 置入嵌入物件」置入第3章的「使用素材 > 01 (6).jpg」。置入後，使用滑鼠移動圖片至下方，寬度與畫面中工作區域的寬度差不多大小，尺寸確認後請按下「Enter」鍵確認。

step
02 利用遮色片功能將上方的圖片淡化，這種方式可以避免破壞原始圖片效果；首先在工具列中選擇「漸層工具」 ，並且在控制面板點選「漸層編輯器」，進入漸層面板，在漸層類型選擇「線性漸層」。

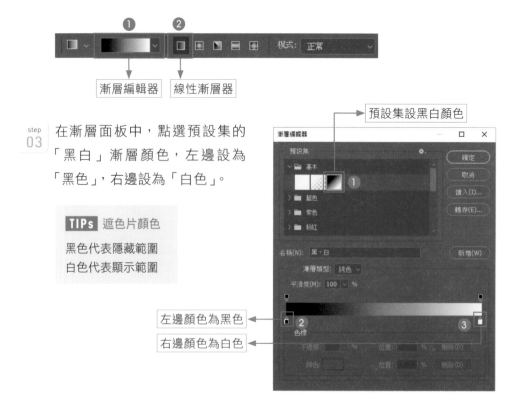

step
03 在漸層面板中，點選預設集的「黑白」漸層顏色，左邊設為「黑色」，右邊設為「白色」。

TIPs 遮色片顏色

黑色代表隱藏範圍
白色代表顯示範圍

step
04

漸層顏色設定完成後，點選「視窗 > 圖層」，增加一個「遮色片」。

step
05

利用「漸層工具」對著圖片中間，由上往下拖曳拉出一個線性漸層。

增加向量圖層遮色片

step
06

最後在圖層上會產生一個線性漸層的畫面，黑色代表「隱藏」部分，而白色代表「顯示」的範圍，在將圖層的不透明度調降為「54%」，讓圖片保留一點透明感。

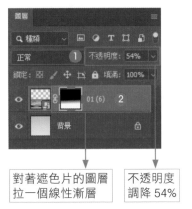

對著遮色片的圖層拉一個線性漸層

不透明度調降 54%

完成圖。

3-3-3 筆刷遮色片效果製作

本單元是製作另一種遮色片的方式，利用筆刷工具來製作遮色片效果，可以刷出自己想要的遮色片效果風格。

step 01 | 首先置入圖片，點選「檔案 > 置入嵌入物件」，置入第3章「使用素材 > 01 (1).jpg」。

step 02 | 在工具列中，選擇「筆刷工具」。

step 03 | 在上方控制面板設定筆刷屬性，筆頭設為「柔邊圓形」，不透明度為「66%」，流量為「100%」。

step 04	筆刷設定完成後，在圖層中增加「向量圖層遮色片」，在工具列的前景色設為「黑色」，在圖層遮色片處刷上筆刷。

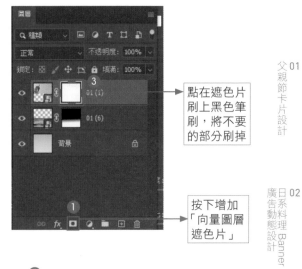

點在遮色片刷上黑色筆刷，將不要的部分刷掉

按下增加「向量圖層遮色片」

前景色為黑色，前景色為黑色再遮色片中代表隱藏範圍

step 05	在圖片上運用「筆刷功能」刷出想要的效果。

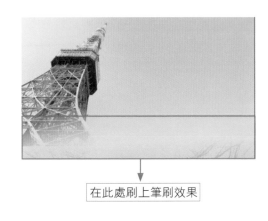

在此處刷上筆刷效果

step 06	在圖片上刷完筆刷之後，可以調降圖片的不透明度。點選圖層不透明度調降為「61%」，讓畫面中的圖片不要這樣明顯。

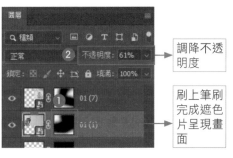

調降不透明度

刷上筆刷完成遮色片呈現畫面

再置入另外一張圖片，置入第 3 章「使用素材 > 01 (6).jpg」，再點選「檔案 > 置入嵌入物件」，置入第 3 章的「使用素材 > 01 (7).jpg」，再度在圖層面板中「增加遮色片」，利用筆刷工具刷上筆刷效果，再調降圖片的透明度，這次點選圖層不透明度調降為「73%」。

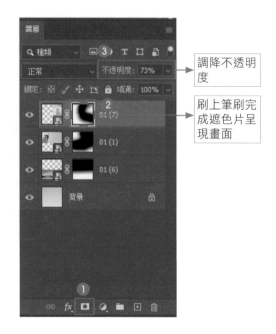

調降不透明度

刷上筆刷完成遮色片呈現畫面

完成圖。

刷淡的地方

3-3-4 製作底色色塊

step 01 現在要繪製藍色矩形色塊，
點選「矩形工具」。

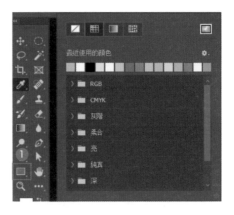

step 02 在上方控制面板位置設定形狀，再填滿選項處點一下，點選顏色為「藍色」，筆畫顏色不上顏色。

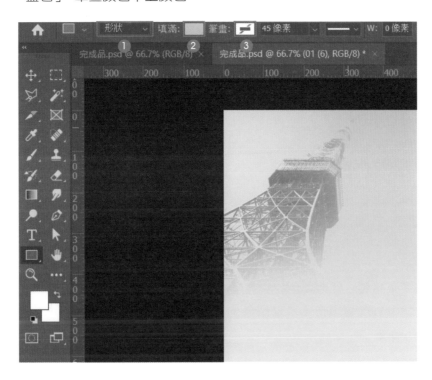

_{step}
03 先點選色相顏色為「藍色」，再點選顏色的深淺後，按下「確定」按鈕。

_{step}
04 完成圖層。

_{step}
05 接下來繪製一個無填色的白色筆畫框線，在工具列中選擇「矩形工具」，
上方控制面板填色「不填顏色」，筆畫設為「白色」，調整筆畫粗細輸入
「15 像素」。

完成圖。

3-3-5　標題文字製作

建議標題文字顏色為淺色或白色較佳，字體則以粗黑體效果較明顯。

step 01	輸入標題文字，在工具列中選擇「文字工具」。	

step 02	在上方控制面板處的段落選項選擇「居中對齊」，這樣輸入的標題文字才會在畫面的正中間。	

step 03	輸入「JUST FOR YOU」文字，完成後利用工具列中的「文字工具」，反選畫面中的文字。	

step 04 調整字型樣式、大小以及顏色，點選「視窗 > 字元」，字型樣式設為「粗黑體」、文字大小設為「35 pt」、文字顏色設為「白色」。

step 05 再來，製作文字陰影效果，讓畫面的文字看起來更加立體明顯，點兩下圖層中的「JUST FOR YOU」文字圖層。

step 06 在圖層樣式面板調整陰影，將「陰影」選項打勾，混合模式設為「正常」，顏色選擇「藍色」，不透明度為「55」，調整陰影角度為「116」，陰影尺寸約為「18」像素，完成設定後按下「確定」按鈕。

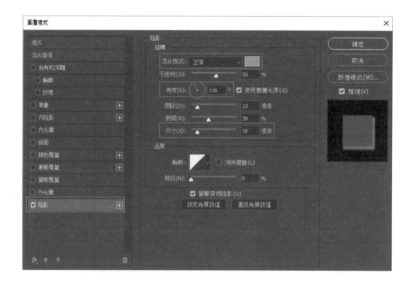

^{step}
07 如果要再調整圖片的陰影顏色，只要點一下混合模式旁的陰影顏色圖示即可，建議使用藍色相同色系配色較佳。

3-3-6 置入 LOGO 圖檔

最後，在視窗中置入東京鐵塔和富士山的 LOGO 圖檔，並且製作陰影效果，美化畫面中的版面。

^{step}
01 點選「檔案 > 置入嵌入的物件」置入圖片，點選第 3 章的「使用素材 > LOGO.ai」。

父 01
親
節
卡
片
設
計

日 02
系
料
理 Banner
廣
告
動
態
設
計

多 03
用
途
小
卡
片
設
計

Line 04
貼
圖
創
作

Line 05
動
態
貼
圖
創
作

step
02

調整圖片的大小，完成後按下「Enter」鍵。

step
03

在 LOGO 圖層上點兩下，開啟圖層樣式面板，將陰影選項「打勾」，混合模式設為「正常」，顏色改成「藍色」，不透明度為「68%」，尺寸為「18 像素」。

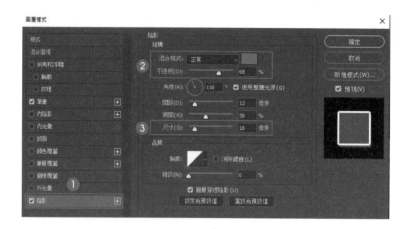

step
04

最後，增加筆畫效果，將「筆畫」選項打勾」，調整「筆畫尺寸，輸入 9 像素，位置為外部，顏色為白色」，設定完成後，按下「確定」按鈕。

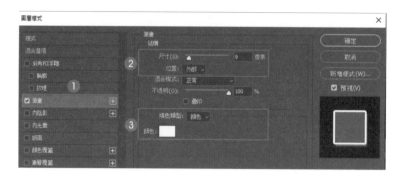

04

Line 貼圖創作

適用：CC 2020-2022

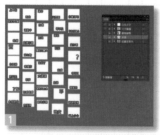

▶ 利用圖層繪製來分類
繪圖內容。

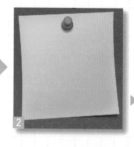

▶ 利用矩形工具
畫出黃色色塊。

▶ 利用網格工具增
加網格並填色，
再使用橢圓形工
具描繪圖釘外
型，使用漸層工
具中的放射狀漸
層上色。

▶ 利用線段工具描繪線條，使用筆
畫面板調整筆畫粗細。

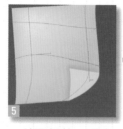

▶ 利用鋼筆工具描
繪右下角翹起來
的效果。

▶ 再利用鉛筆工具
使用描繪文字以
及圖案效果。

▶ 最後轉存 png 檔案，解析
度為 72，並轉存檔案上傳
圖片。

完成圖

4-1 插圖設計技巧

Section

4-1-1 插圖主角設定

首先要設定貼圖的主角，讀者可以依照自己平常喜好、興趣、收藏來設定。

作者很喜歡吃日本料理，所以以壽司為主角，當然也可以依照自己養的動物、寵物、或使用照片為主題去做發想設計。

此外，也可以以自己的外型繪製一個角色，作者也繪製了一款自己的貼圖，特色是戴眼鏡、喜歡登山，所以在設計貼圖的時候，可以加入個人特色來進行設計。

4-1-2 圖層管理

我們繪製的圖案，可以放在圖層裡面，利用圖層管理方式來分類。圖層內分別有文字對話框的圖層、插圖的圖層，以及背景的圖層，可以清楚且方便編輯畫面中的圖樣。

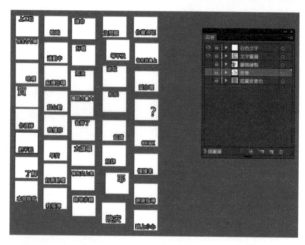

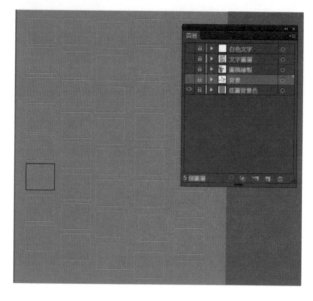

4-1-3 Line 貼圖尺寸規範

讀者可以到 Line 的官方網站，依照官方提供的尺寸大小，以及張數數量來製作貼圖。

圖片		
	所需數量	圖片大小(pixel)
主要圖片	1張	W 240 × H 240
貼圖圖片(數量可選)	8張、16張、24張、32張、40張	W 370 × H 320 (最大)
聊天室標鏡圖片	1張	W 96 × H 74

- 在貼圖編輯畫面即可選擇貼圖張數。於送出審核申請前，可隨時變更貼圖張數。
- 圖片大小的單位均為pixel。
- 圖檔均為PNG。
- 貼圖圖片大小將會自動縮小，故請將尺寸設為偶數。
- 解析度請設為72dpi以上；色彩模式請設為RGB。
- 每張圖片的檔案大小須小於1MB。
- 若要將所有圖片壓縮為1個ZIP檔上傳時，ZIP檔須小於20MB。
- 請為圖片進行去背透明處理。

※ 資料參考來源：LINE 官方帳號

4-2 Section

Line 貼圖創作

4-2-1　製作矩形便利貼

step 01
首先利用工具列中的「矩形
工具」描繪一個矩形框，在
工具列中的填色填上「淺黃
色」。

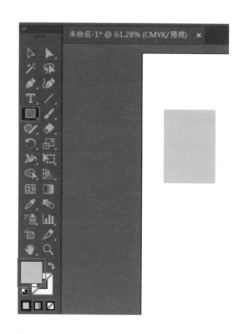

step 02
使用「選取工具」點選畫面
中的色塊，利用「網格工具」
增加網格錨點後，單獨點選
錨點修改顏色為「深黃色 (顏
色代碼 #EAD34)」。

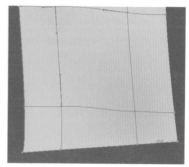

4-2-2 製作矩形便利貼右下角翹起來的效果

製作便利貼右下角有一角翹起來的效果，可以利用以下步驟來製作。

step 01　選擇「增加錨點工具」在繪製好的矩形色塊右下角的地方增加錨點。

step 02　錨點增加之後，再用「直接選取工具」，點選「錨點」移動錨點位置。

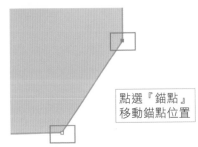

點選『錨點』
移動錨點位置

step
03

再利用「轉換錨點工具」，扭一下空白的錨點，將直線變成變成弧度線條。

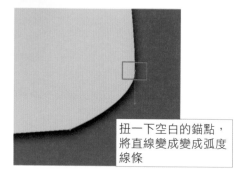

扭一下空白的錨點，將直線變成變成弧度線條

step
04

變成弧度線條之後，再點選線條中所產生的「把手」，調整線條弧度。

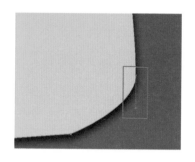

step
05

可以利用「鋼筆工具」繪製右下角三角形並修改顏色，建議顏色設定較淺，跟原來的顏色不同，這樣才看得出來差異。

在工具列中的填色修改顏色。

利用「滴管工具」滴選畫面中的「黃色」顏色，讀者可以調淺一點的顏色配色，再利用工具列中的「網格工具」增加網格後，再點選填色，修改原來顏色較淺黃色。

點選「網格工具」，增加網格節點。

 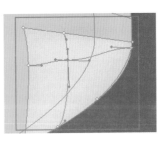

父親節卡片設計 01

日系料理 Banner 廣告動態設計 02

多用途小卡片設計 03

Line 貼圖創作 04

Line 動態貼圖創作 05

再修改填色顏色，顏色可以調淺一點的顏色，讓畫面中的圖片看起較為立體。

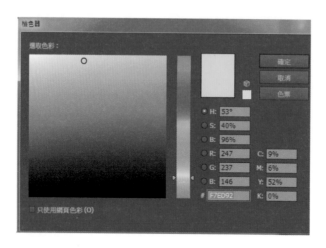

點選「效果 > 風格化 > 製作陰影」，讓便利貼右下角翹起來的部分看起來更加立體。

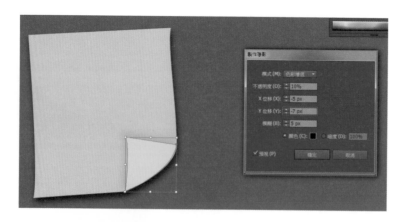

step
11
最後框選畫面中的便利貼，按下滑鼠右鍵選擇「群組」以方便編輯物件。

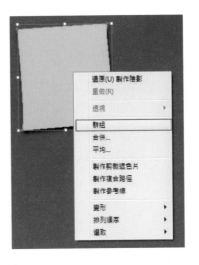

step
12
當物件群組之後，重複點選「效果 > 風格化 > 製作陰影」，讓圖標看起來更立體，再將陰影的參數設定為「不透明度：40%、X 位移：5 px、Y 位移：7 px、模糊：5 px，顏色：黑色」，設定完成後，按「確定」按鈕。

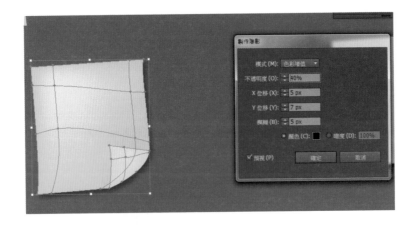

4-2-3　繪製圖釘

利用工具列的「橢圓形工具」繪製圖釘外型，在工具列中填色選擇「不填色」，利用「筆畫上色方式」選擇「黑色」，且只保留框線描繪外型。

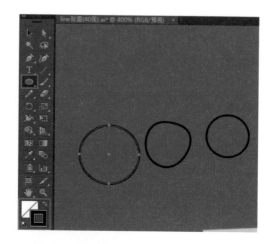

繪製完畢後，再使用「選取工具」點選畫面中只有框線的圓形，將圓形框線移動編輯。

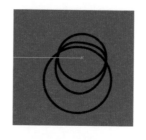

再利用「漸層工具」填入漸層顏色，以紅色同色系的顏色做深淺變化。

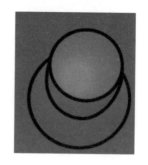

step 04　將圖釘設定陰影效果，點選「效果 > 風格化 > 製作陰影」，讓便利貼看起來更有立體感。

step 05　建議陰影參數「不透明度：75%，X 位移：2 px、Y 位移：7 px、模糊：5 px，顏色：黑色」，按下「確定」按鈕。

父親節卡片設計 01

日系料理 Banner 廣告動態設計 02

多用途小卡片設計 03

Line 貼圖創作 04

Line 動態貼圖創作 05

4-2-4 快速修改圖釘顏色

step 01　在工具列中點選「選取工具」框選畫面中的圖釘。

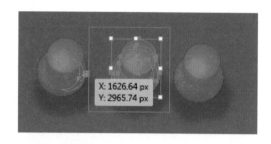

step 02　在上方的控制面板選擇「重新上色」選項按鈕點一下。

step 03　開啟「重新上色圖稿」面板，修改顏色。

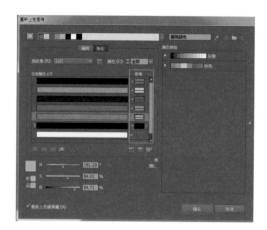

4-2-5　製作便利貼上的筆刷效果

step 01 選取「視窗 > 筆刷」，開啟筆刷面板之後，點選「筆刷資料庫」選擇「藝術 > 藝術_畫筆」。

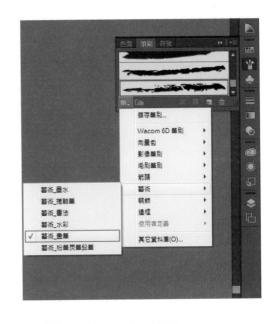

step 02 挑選適合的筆刷。

利用「筆刷工具」修改筆畫
顏色。

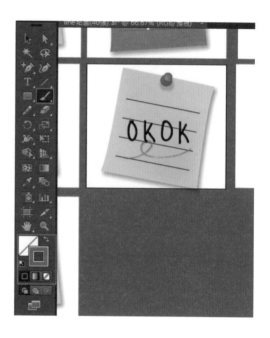

4-2-6 繪製便利貼上的腮紅效果與臉部表情

在工具列中點選「橢圓形工具」繪製一個圓形後填上顏色。

step	
02	製作藝術筆刷效果，點選「效果 > 筆觸 > 噴灑」，在「視窗 > 透明度」漸變模式選擇「色彩增值」，降低「透明度」參數設定。

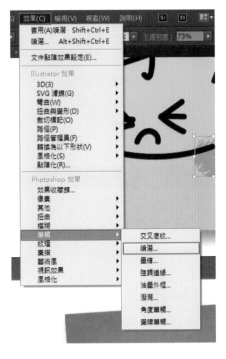

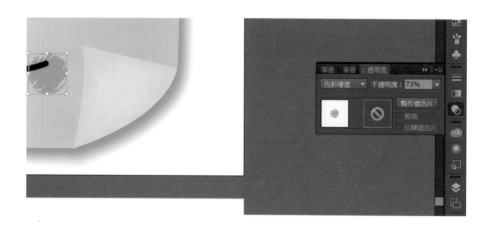

TIPs

如果要修改已經建立好的效果參數,可以選擇「視窗 > 外觀」,點選剛剛製作的噴灑效果,點兩下之後可以進入噴灑效果面板編輯調整參數。

step 03 接著，繪製臉部表情，點選「點滴筆刷工具」，修改填色顏色後，進行繪製。

4-2-7 製作便利貼紙膠帶與陰影效果

step 01 在工具列中點選「矩形工具」繪製一個長條的矩形，修改填色顏色。

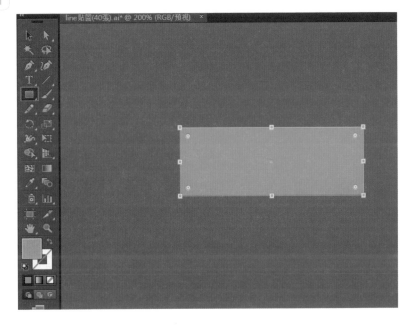

父親節卡片設計 01

日系料理 Banner
廣告動態設計 02

多用途小卡片設計 03

Line 貼圖創作 04

Line 動態貼圖創作 05

利用「增加錨點工具」在線條上增加「錨點」。

再點選「直接選舉工具」增加「錨點」，並移動製作出鋸齒狀的感覺。

接著，製作膠帶陰影效果，選擇「效果 > 風格化 > 製作陰影」，在製作
陰影面板中設定調降「不透明度」參數，讓不透明度顏色淺一些。「模
糊」的參數設定是「X 位移為陰影的水平位置，而 Y 位移為陰影的垂直
位置」。

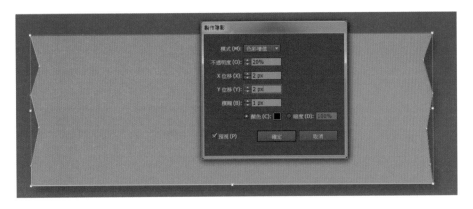

step 05　上方控制面板調整色塊不透明度為 60%，讓色塊有點半透明的感覺。

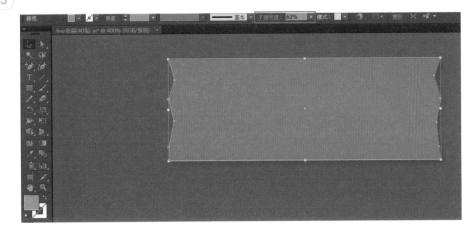

step 06　最後，將製作完成的便利貼紙膠帶放置在便利貼上。

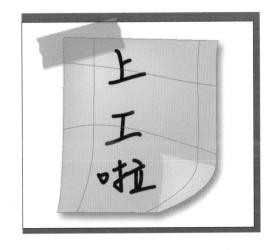

4-2-8　便利貼上的線條製作

step
01 在工具列中選擇「線段工具」修改筆畫顏色，壓住「Shift」不放拖曳「線段工具」可繪製一條水平的直線。

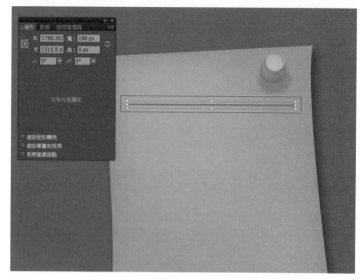

調整線條粗細可點選「視窗 > 筆畫」，調整線條寬度參數，輸入適合的粗細尺寸大小，寬度 1 至 2 pt 左右的寬度進行複製。

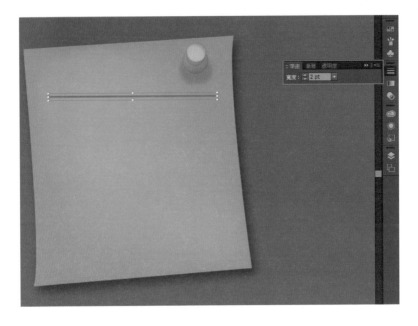

點選畫面中的線條後，選擇「物件 > 變形 > 個別變形」。在變形面板中的「移動」選項，垂直輸入「50 px」後，按下「拷貝」按鈕，再按「確定」按鈕。

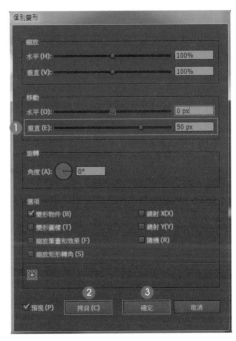

step
04

接下來，電腦會記錄剛剛的移動拷貝動作，按一下複製變形的「Ctrl+D」快速鍵，重複複製線條。

step
05

複製完成之後，使用「選取工具」框選所有的線條以及便利貼圖樣，按一下滑鼠右鍵選擇「群組」，將所有物件群組起來，最後再利用「旋轉工具」旋轉便利貼圖案。

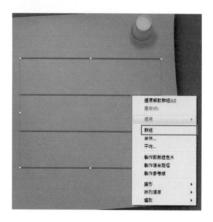

step
06

最後，將繪製好的線條，使用「選取工具」移動線條到其他已經繪製完成顏色的便利貼上面，並修改便利貼的筆劃顏色。

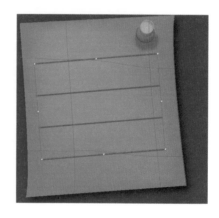

依序修改各便利貼的筆
畫顏色，如紫色、粉紅
色和黃色。

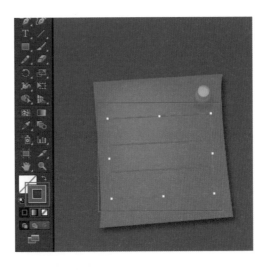

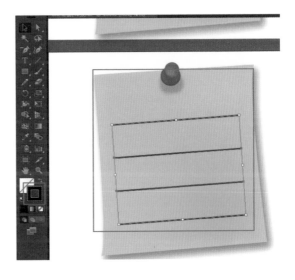

4-2-9　使用網格填色修改便利貼顏色與陰影

修改便利貼的顏色，讓所有的便利貼看起來比較活潑。

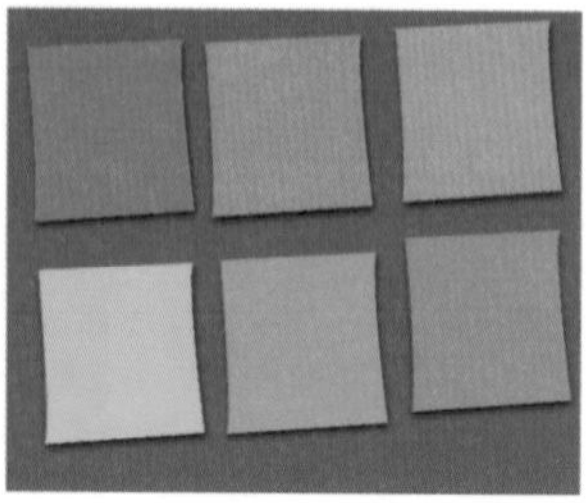

step 01 首先修改顏色，使用「選取工具 ▶」點選畫面中的便利貼圖案，選擇「網格工具」，對著色塊點選增加「錨點」。

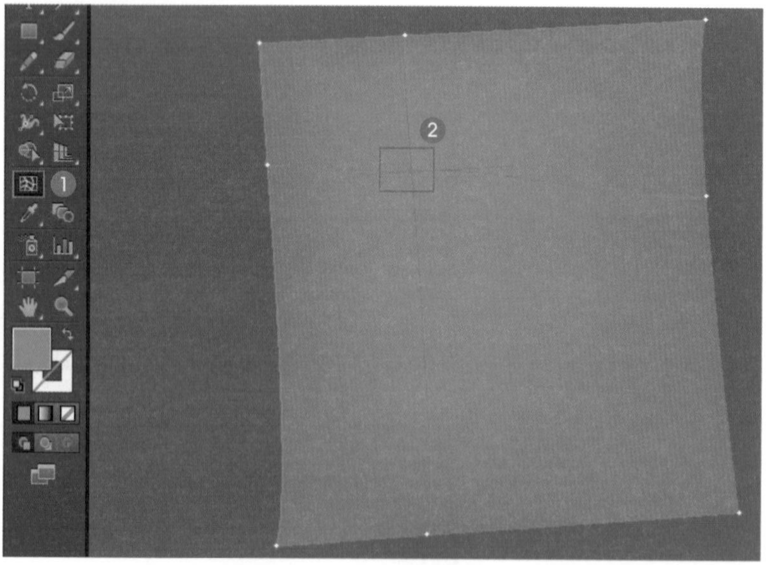

step 02 修改填色顏色，在工具列中的填色顏色上面點兩下，畫面會跳出「檢色器」面板，修改填色顏色後，按下「確定」按鈕。

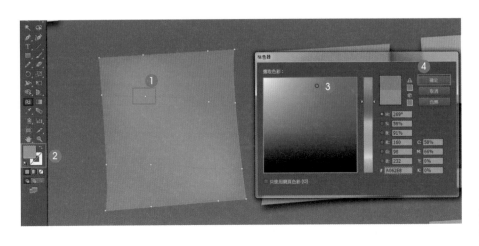

父01
親節卡片設計

日02
系料理 Banner
廣告動態設計

多03
用途小卡片設計

Line 04
貼圖創作

Line 05
動態貼圖創作

step 03 在此，建議儘量以同色系的顏色上色，例如紫色顏色的便利貼可以使用深紫色以及淺紫色配色；深橘色顏色的便利貼，可以使用深橘色以及淺橘色的便利貼同色系顏色配色，分別將不同的便利貼修改為不同顏色。

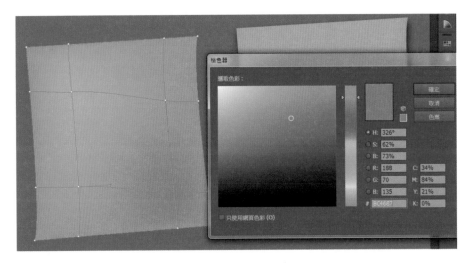

  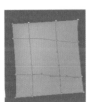

step
04

接著，製作陰影效果讓便利貼看起來更立體。點選便利貼後，選擇「效果 > 風格化 > 製作陰影」，建議陰影的顏色選擇「黑色」，讓陰影看起來比較自然。

接下來，調整「參數 X 和 Y」的參數，X 代表水平陰影的位置，Y 代表垂直陰影的位置，將「X 位移設定 5 px、Y 位移設定 7 px、模糊設定為 5 px」，修改完成後，調整陰影的「不透明度為 40%」，陰影參數越高，代表陰影越不透明，調整完成後按下「確定」按鈕。

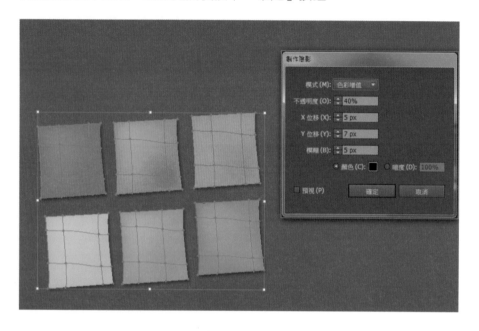

4-2-10　手寫字體設計

step
01

在工具列選擇「鉛筆工具」或「筆刷工具」，點選「視窗 > 筆畫」面版，調整筆畫線條粗細，設定筆畫寬度為「1 pt」。

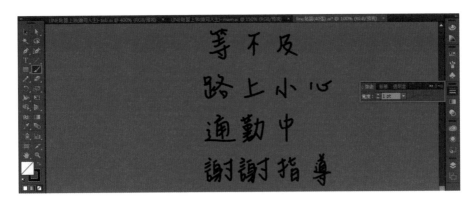

step 02

繪製過程中，線條的粗細在放大縮小過程會變形線條粗細寬度，所以線條粗細寬度需要等比縮放要特別去設定，線條在描繪時才會隨縮放等比調整。

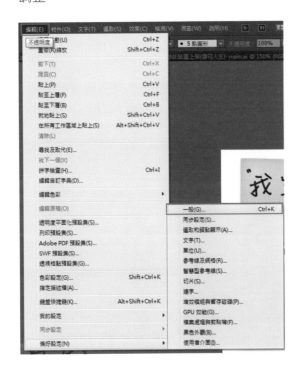

點選「編輯 > 偏好設定 > 一般」，將「縮放筆畫和效果」選項打勾後，按下「確定」按鈕，此設定可使線條在拉大以及縮小時會自動調整比例。

step 03 透過手寫的方式繪製屬於自己的文字，不但沒有文字版權的問題，還可以有屬於自己的風格。在這裡寫上「"我生七七囉"」和「上工啦」。

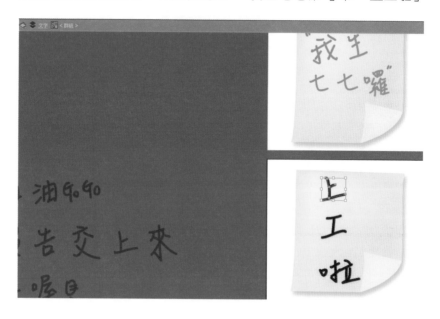

分別在每個工作區域內寫上對話文字內容，並且修改筆畫顏色。

同時利用「選取工具」點選畫面中的線條文字，修改文字線條的筆畫顏色。

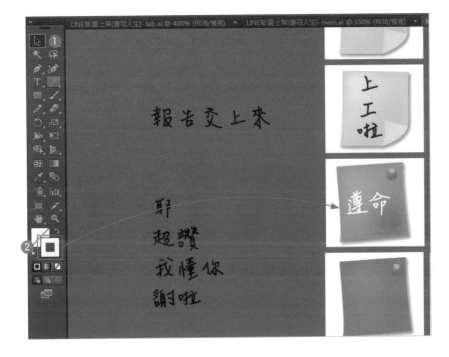

4-2-11　轉存 Line 檔案圖片

step 01　當繪製完所有的貼圖後，點選「檔案 > 轉存」或「檔案 > 轉存 > 儲存為網頁用」，檔案格式選擇 PNG 或 PNG-24，並將「使用工作區域」選項打勾，畫面中總共有 40 張貼圖，請點選「全部」選項，按下「轉存」按鈕。

step 02　在「PNG 選項」視窗，將圖片解析度設定為「螢幕 72 ppi」，背景顏色為「透明」後，按下「確定」按鈕。

4-2-12 設計 Line Main 圖貼

設計便利貼 Main 的尺寸，在 Illustrator 內新增一個空白的畫面 Mian 的畫面「檔案 > 新增」，點選「網頁」，尺寸為「寬度 240 px、高度 240 px」，該貼圖主要出現的畫面是在貼圖的購買首頁，建議讀者可以在眾多的貼圖裡面挑選一張最美的圖片來放哦。

Main 完成品

4-2-13 設計 Line Tab 貼圖

TAB 貼圖是放置在對話留言裡面小圖貼，由於畫面較小的關係，建議可以放置簡單、不要太過複雜的圖形。

Tab 完成品

4-2-14 放射狀背景圖製作

step 01
利用「矩形工具」繪製色塊，用深淺顏色的色塊繪製出來。

step 02
利用「套索工具」，一次框選「內側的錨點」。

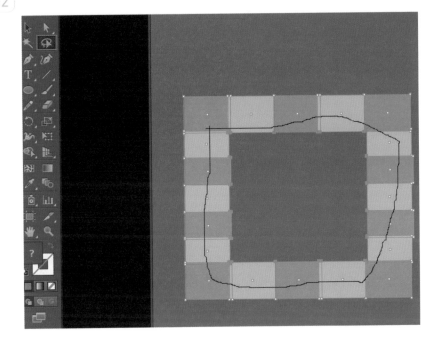

再點選「縮放工具」往中心內側拖曳移動，最後會呈現放射狀的背景。

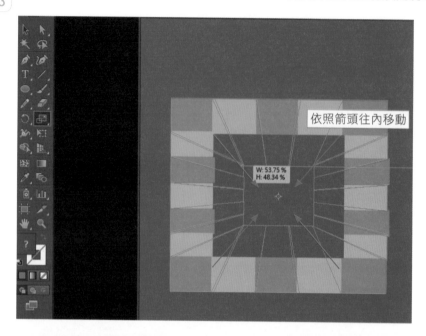

依照箭頭往內移動

W: 53.75 %
H: 48.34 %

4-2-15　愛心背景底圖製作

step 01 加入愛心符號，點選「視窗 > 符號」，展開符號面板後，點選左下角「符號資料庫」選單中的「網頁圖示」，點選「愛心」圖案拖曳至視窗中。

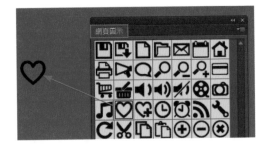

step 02 在上方的控制面板中按一下「切斷連結」選項，如此才可以進行編輯修改顏色。

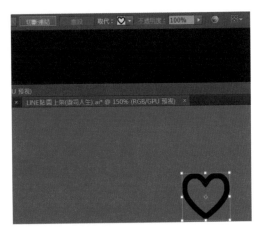

step 03 在工具列中的填色修改顏色為「紅色」的填色顏色。

step 04 接下來，複製變形畫面中的愛心，點選「物件 > 變形 > 個別變形」。

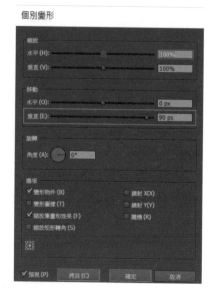

step 05 在「個別變形」面板中，點選「移動的垂直輸入 90 px，記得按一下「拷貝」按鈕後，再按下「確定」按鈕。

step 06 按下「Ctrl+D」複製變形的快速鍵，複製完成後，再框選畫面中的愛心，按下「Ctrl+G」鍵群組物件。

step 07 選取工具點選垂直群組的愛心物件，在按下「Alt」壓住不放往右拖曳複製移動，複製一個之後再按下「Ctrl+D」複製變形的快速鍵，向右複製完畢之後，再框選畫面中的愛心「Ctrl+G」群組物件。

4-2-16　漸變圓形背景底圖製作

step 01　利用「橢圓形工具」，壓住「Shift」鍵不放拖曳繪製一個正圓形，再利用「選取工具」點選圓形後，壓住「Alt」鍵不放，向下拖曳複製，就會繪製另一個圓形。

step 02　使用「漸變工具」分別點選上下圓形，點選兩個圓形，就會跳出「漸變選項」。

step 03　在跳出的「漸變選項」上設定「間距的指定階數為 4」中間產生 4 個圓形變化。

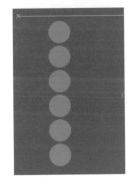

step 04 點選畫面中圓形,「物件 > 變形 > 個別變形」,將「移動的水平參數設定為 70 px」後,按下「確定」按鈕。

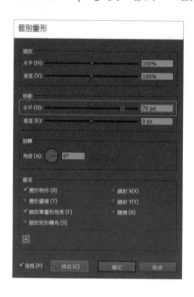

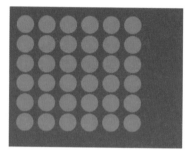

step 05 接下來向右水平複製,點選畫面中群組的愛心圖案,選擇「物件 > 變形 > 個別變形」,移動的部份,在水平輸入「70 px」,垂直的部分輸入「0 px」,按下「拷貝」按鈕後,按下「確定」按鈕。

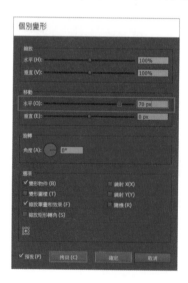

Line 動態貼圖創作

適用：CC 2020-2022

💡 設計概念

貼圖動態製作可以讓靜態圖片更加活潑生動，利用 Illustrator 軟體製作每一個動畫分鏡，再使用線上免費的動畫軟體將每一個使用 Illustrator 分鏡圖片組裝成動畫。

⚙️ 軟體技巧

使用 Illustrator 製作插圖分鏡，使用工作區域工具產生逐格動畫。

使用 Apng Assembler 軟體將製作好的插圖進行動畫整合。

設計完成後，使用 Google 瀏覽器供測試。

5-1 貼圖上架技巧

我們在前面的章節學會了使用繪圖軟體製作貼圖,將圖檔轉存成 PNG 圖檔格式之後,可以開始上架囉。上架的方式很簡單,只需要準備個人常用 LINE 帳號來註冊申請,便可以輕鬆的將已設計完成的圖檔上架。

step 01 首先登入 Line 貼圖官方帳號 https://creator.line.me/zh-hant/,點選畫面右上角「個人頁面」按鈕。

step 02 輸入個人的 Line 帳號。

進入畫面後，按下「新增」按鈕。

	項目管理					
縮圖	標題	貼圖ID	版本	販售價格	狀態	
	little momo baby	11209832	1	NT$30	● 編輯中	

畫面會跳出「貼圖」、「表情貼」、「主題」共三個選項主題，這次練習請點選「新增」按鈕選項，再點選「貼圖」按鈕選項。

新增
您可登錄將顯示於LINE STORE及LINE應用程式小舖中的資訊。

貼圖	表情貼	主題

進入設定相關貼圖的設定畫面，設定貼圖相關介紹，貼圖名稱、標題以及貼圖說明。在貼圖類型有「貼圖」和「動態貼圖」選項，現在選擇「貼圖」為靜態貼圖選項，畫面中的範例為靜態貼圖的編輯畫面。

輸入標題以及貼圖說明內容。上架中的貼圖的語言版本目前主要介面設定為英文，所以請先輸入英文版本的內容。

讀者可以點選「Chinese (Traditional) 繁體中文」增加繁中語系，或增加
其他語言，設定完畢後記得按下「新增」按鈕。

增加繁體中文後，就可以輸入貼圖的說明文字了。

在「創意人名稱」以及「版權」欄位輸入名字或是創作時間。

依照自己設計的貼圖來設定貼圖的風格種類主題，以及角色類別。

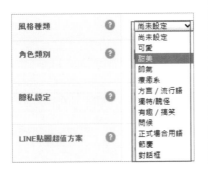

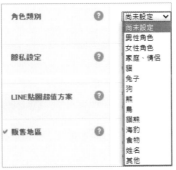

全部設定完成按下「儲存」。

權利證明書

✓ 是否使用照片	❓	⦿ 貼圖中未使用照片 ○ 貼圖中有使用照片
權利證明書	❓	如有需要，請夾帶權利證明書等資料以供審核。 請由此下載權利證明書的格式。
檔案上傳	❓	請將最多10個檔案壓縮為20MB以下的ZIP檔。 接受圖片檔(JPEG、PNG、GIF)、PDF檔或壓縮上述格式的ZIP檔，其他檔案格式可能無法用於審核。 若是需要證明著作權的貼圖，請由此夾帶權利證明書或契約書等文件。 夾帶
可確認作品的網址	❓	[ ] 0/255
其他、補充說明	❓	[ ] 0/2000

取消　　儲存

選擇「貼圖圖片」畫面最下方的「編輯」按鈕。

step 13

設定變更上架的貼圖張數，以靜態貼圖來舉例，可以選擇 8 張、16 張、24 張、32 張、40 張，依照自己想創作張數來決定數量。

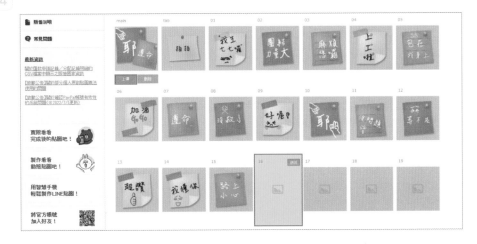

step 14

請讀者一張一張上傳自己設計的貼圖圖片。

TIPs 圖檔出現錯誤了！請回頭確認⋯

1. 是否有確實依照 Line 官方規定來設定尺寸大小。

2. 圖片解析度必須設定為 72 ppi。

3. 色彩模式設定必須為 RGB 顏色。

（接下頁）

當上架時出現錯誤有幾種狀況，可能是圖片的尺寸大小不正確、或是圖檔解析度設定錯誤，所以尺寸大小請依照 Line 官方規定來做設定（下方提供各貼圖尺寸規範），圖片解析度則需設定為「72 ppi」，色彩模式為「RGB 顏色」，且必須一張一張上傳圖片。

靜態貼圖尺寸

動態貼圖尺寸

隨你填貼圖尺寸

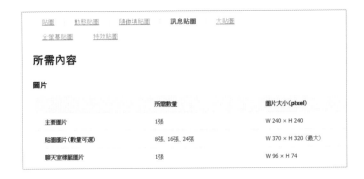

訊息貼圖尺寸

	所需數量	圖片大小 (pixel)
主要圖片	1張	W 240 × H 240
貼圖圖片 (數量可選)	8張、16張、24張	W 370 × H 320 (最大)
聊天室標籤圖片	1張	W 96 × H 74

5-1-1　調整貼圖尺寸大小

如果尺寸大小不正確，可以到 Photoshop 軟體進行裁切。

step 01　開啟 Photoshop 軟體，選擇工具列中的「裁切工具」，在上面的控制面板選擇「寬 x 高 x 解析度」，輸入前面提到 Line 貼圖需要的寬度以及高度，解析度設定為「72 像素 / 英吋」，大小調整完畢後，按下「Enter」鍵確定。

step
02
在 Photosohop 內完成裁切圖片正確之後，再重新上傳有錯誤尺寸的圖檔，進行更新圖片。

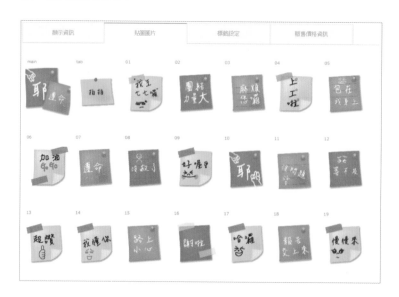

5-1-2 編輯 Line 貼圖相關用語

圖片全部上傳之後，接下來設定文字相關用語、設定各類主題名稱，在輸入 Line 對話時，會自動跳出的相關用語貼圖，讀者可以將每一個貼圖挑選合適的相關用語。

step 01 選擇一個貼圖，按下「編輯」按鈕，進入編輯。

step 02 點選每一張圖片設定圖片相關用語，選擇「加油 (7)」。

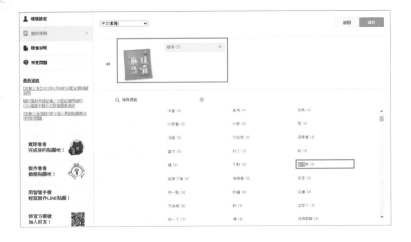

有些圖片有相關用語可以使用，設定此功能的好處是在使用 Line 對話時，如輸入相關文字，則會跳出相關用語的圖片。設定完成後，按下右上角的「儲存」按鈕。

接著設定「販售價格資訊」。點選「販售價格資訊」，在此建議將靜態貼圖設定最低消費金額「33 元」，設定完畢後按下「儲存」按鈕。

step
05

最後可以按下「送出申請」按鈕，請耐心等待上架通知，審核通過
後，在個人的 LINE 通訊軟體會收到通知。

step
06

上傳完成的圖片。

5-1-3 貼圖上架後要修改貼圖內容的方式

step
01
回到「項目管理」選項，點選已上架的「貼圖」清單。

step
02
點選想要修改、重新上架的貼圖。

step
03
進入編輯畫面後按下「停止販售」按鈕。

step
04
按下「OK」按鈕，停止販售此貼圖。

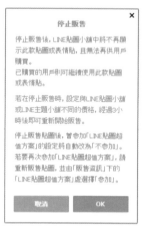

step
05

進入編輯頁面，點選「編輯」按鈕。

特輯企劃	標題：大家一起來創作BROWN & FRIENDS！貼圖特輯/活動
	不參加
	標題：一起意樂！貼圖特輯/活動
	不參加
	標題：「有"妳"真好！」貼圖特輯/活動
	不參加
	標題："歡敬LINE第一組貼圖！貼圖特輯/活動"
	不參加

權利證明書	
是否使用照片	貼圖中有使用照片
檔案上傳	
可確認作品的網址	
其他、補充說明	

[編輯]

step
06

編輯完成後，按下「重新販售」按鈕。

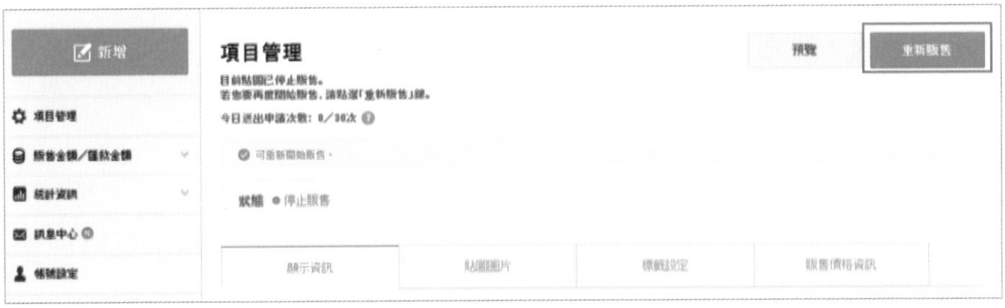

☑ 新增	**項目管理**		預覽	重新販售
	目前貼圖已停止販售。			
⚙ 項目管理	若您要再度開始販售，請點選「重新販售」鍵。			
💰 販售金額／匯款金額 ∨	今日送出申請次數：0／30次 ⓘ			
📊 統計資訊 ∨	⊘ 可重新開始販售			
✉ 訊息中心 ⓘ	狀態 ● 停止販售			
👤 帳號設定				
	顯示資訊	貼圖圖片	標籤設定	販售價格資訊

step 07
按下「OK」按鈕。

5-1-4　成功上架

成功上架後，LINE 官方會審核，等審核通過後，就會收到官方透過 LINE 發送通過的訊息，就可以到自己的 LINE 後台帳號進行「上架販售」了。在等待幾小時之後，就可以購買自己設計的貼圖了。

5-2 Line 動態貼圖創作

Section

5-2-1 Line 動態貼圖介紹

本單元要來製作動態貼圖，讓畫面中的靜態的貼圖可以動起來，讓貼圖具有活潑趣味感。

動態貼圖尺寸大小

尺寸	320 x 270 像素	格式	png (APNG) 檔案尺寸大小需要 300K 以下
張數	8, 16, 24 張	圖檔解析度	72dpi
秒數	最多四秒。 時間必須是整數否則會出錯。	色彩模式	RGB 顏色
建議	每秒 10 張。		

所需內容

圖片

	所需數量	圖片大小(pixel)	檔案格式
主要圖片	1張	W 240 × H 240	.png(APNG)
動態貼圖圖片(數量可選)	8張、16張、24張	W320 × H270(最大)	.png(APNG)
聊天室標籤圖片	1張	W 96 × H 74	.png

※ 資料參考來源；LINE 官方網站

製作準則 - LINE Creators Market

讀者可輸入網址可以查訊 LINE 官方網站提供的製作指南。

https://creator.line.me/zh-hant/guideline/animationsticker/

※ 資料參考來源；LINE 官方網站

※ 資料參考來源；LINE 官方網站

作者個人動態貼圖完成品 (已上架貼圖)

動態貼圖設計 庭庭老師個人創作主題貼圖設計

5-2-2 登入 Line 系統選擇主題設計

step
01
登入 Line 主題貼圖網站後台之後，選擇「動態貼圖」。

貼圖詳細內容

✓ 貼圖類型	❓	○ 貼圖
		⦿ 動態貼圖
		○ 隨你填貼圖
		○ 訊息貼圖
		○ 大貼圖
		○ 全螢幕貼圖
		○ 特效貼圖
		※ 選擇完貼圖類型後，便無法中途變更。
貼圖張數(1組)		貼圖的張數可從貼圖編輯畫面設定。 ※ 於送出審核申請前，可隨時變更貼圖張數。
語言		English (未設定的語言，將在LINE STORE及LINE應用程式小舖中以英文顯示。)

step
02
登入系統點選「貼圖」，再點選「動態貼圖」，讀者可以依照尺寸進行貼圖設計。

製作準則

貼圖	表情貼	主題

✅ 我們已開始受理LINE個人原創訊息貼圖的審核申請。訊息貼圖通過審核後即可開始販售。

「訊息貼圖」的特點
・用戶購買訊息貼圖後，可直接在貼圖圖片上輸入文字訊息。・每張貼圖圖片最多可輸入100個字，字數多寡可因不同貼圖傳送。・在貼圖上輸入想傳的話，傳遞效果更加多元有趣！，購買訊息貼圖後，可不限次數更換文字。

✅ Creators Market已開放製作優惠售「全螢幕貼圖」及「特效貼圖」囉！
歡迎你在創意人運用巧思、打造不同以往的全新貼圖！
※「全螢幕貼圖」是會全螢幕圖像放動態的貼圖
※「特效貼圖」是會在聊天室的背景中播放物動的貼圖

貼圖	**動態貼圖**	隨你填貼圖	訊息貼圖	大貼圖
全螢幕貼圖	特效貼圖			

每張圖片的畫格數限制與重複播放次數限制

・最長播放時間為4秒。時間單位為1、2、3、4秒，無法以小數(1.5秒)單位設定。
・每個APNG檔的PNG畫格數：播圖為最少5畫格，最多20個畫格。
※ 使用APNG製作工具(APNG Assembler等)製作APNG檔時，若連續使用相同的圖片，將可能會被輸出為1個畫格。
※ 若所有畫格使用相同圖圖檔，將無法呈現貼圖的動態效果，且上傳時將出現錯誤。
・每個APNG檔的最長播放時間為4秒。

⦿ 1秒 內含 20個畫格 × 重複播放4次 = 4秒

1秒內含20個畫格

⦿ 4秒 內含 20個畫格 × 重複播放1次 = 4秒

4秒 內含 20個畫格

❌ 1秒 內含 50個畫格 × 重複播放1次 = 1秒 (超過畫格數上限)

1秒 內含 50個畫格

❌ 3秒 內含20個畫格 × 重複播放2次 = 6秒 (超過4秒最長播放時間上限)

3秒 內含20個畫格

※ 資料參考來源；LINE 官方網站

5-2-3　利用 Illustrator 在多組工作區域製作動畫

接著，在 Illustrator 內製作分鏡動作。在工作區域內複製多組工作區域之後，在局部調整畫面中的動作，利用逐格動畫製作動畫方式完成，最後再將檔案轉存成 png 格式，再置入到動畫軟體完成 APNG 檔。

step 01
在 Illustrator 製作分鏡動畫，利用不同的工作區域製作動作。

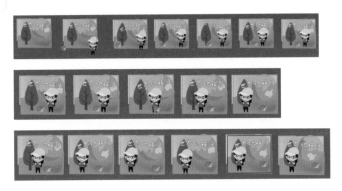

step 02
製作完畢之後，再點選「檔案 > 轉存 > 轉存為格式 png」。

5-2-4　下載 APNG Assembler 設計一套自己的動態貼圖

請讀者上網下載 APNG Assembler 軟體，製作動態貼圖。

開啟瀏覽器，輸入網址 https://sourceforge.net/projects/apngasm/postdownload，下載 APNG Assembler 軟體後進行安裝，就可以開始製作動態 LINE 貼圖，最後將圖片存成 APNG 檔案。

軟體下載完畢後，點兩下直接開啟軟體畫面。

5-2-5　動手製作自己個人的動態貼圖

step 01　將製作完成的圖檔，將每一個在 Illustrator 軟體內繪製完成的逐格動畫，轉存成 PNG 格式，開啟 APNG Assembler 軟體，準備好檔案之後將圖檔拖曳至軟體對話框中。

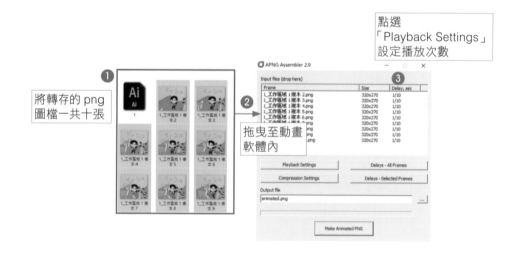

將轉存的 png 圖檔一共十張

拖曳至動畫軟體內

點選「Playback Settings」設定播放次數

step 02 點選「Playback Settings」設定連續播放次數「2次」，完成後按下「OK」。

step 03 選擇「Delays-All Frames」，設定所有影格停留播放時間。

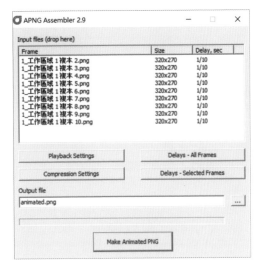

step 04 建議一個動畫貼圖，在前面的步驟中準備十張png圖檔，在播放設定延遲時間設定每秒圖片時間。

點選「 ... 」選擇將輸出檔案
存放的路徑。

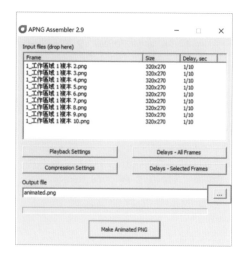

最後按下「Make Animated
PNG」產生動畫檔，檔案格
式為「Apng 檔案」。

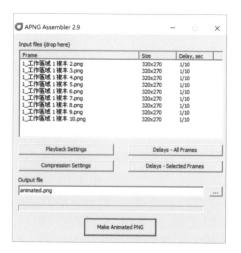

Apng 檔案完成。如果想先看
一下自己設計的動畫圖檔，
請開啟 Google 瀏覽器測試
播放效果。

animated

5-2-6　表情貼圖介紹

Line 貼圖除了靜態與動態貼圖之外，還有很多主題，如表情貼、主題設計等設計主題，讀者可以挑選想要的上架的貼圖來挑選創作主題。

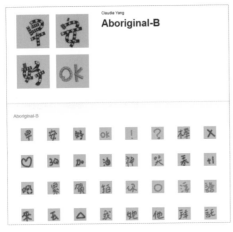

表情貼圖完成品 1

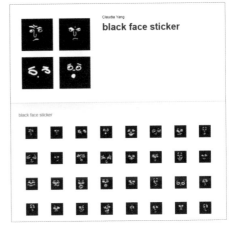

表情貼圖完成品 2

每一款貼圖製作的尺寸都不相同，讀者可以自己依想設計的主題去調整尺寸，進入 LINE 貼圖官方帳號後台，點選「表情貼」選項。(相關設定步驟請參考前面的靜態貼圖步驟)

※ 資料參考來源：LINE 官方網站

表情貼圖尺寸設定

每一款貼設定尺寸都不一樣，讀者可以上網依照官方提供的尺寸設定來設計自己貼圖。

聊天室標籤圖片

	所需數量	圖片大小 (pixel)
聊天室標籤圖片	1張	W 96 × H 74

內容圖片

表情貼類型	所需數量	圖片大小 (pixel)
表情貼	8～40張	W 180 × H 180
字母表情貼(日文假名／英文字母數字)＋表情貼	273～309張	W 180 × H 180
字母表情貼(日文假名)＋表情貼	169～201張	W 180 × H 180
字母表情貼(英文字母數字)＋表情貼	112～144張	W 180 × H 180
字母表情貼(日文假名／英文字母數字)	265張	W 180 × H 180
字母表情貼(日文假名)	161張	W 180 × H 180
字母表情貼(英文字母數字)	104張	W 180 × H 180

※ 資料參考來源；LINE 官方網站

主題貼圖介紹

主題貼圖設計需要注意的是 iOS 以及 Android 兩個系統的設計，主要影響有尺寸大小的差異，如果兩款都需要設計，在尺寸會有所不同，製作上會比較花時間。

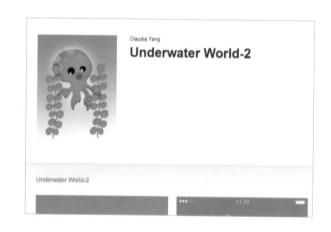

iOS 系統完成畫面

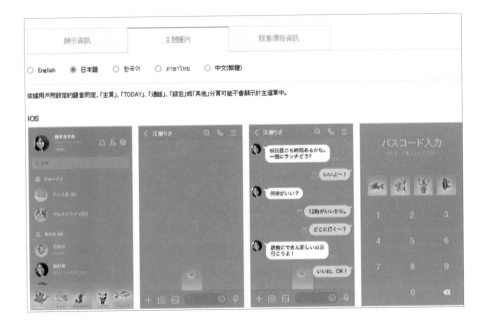

Android 系統完成畫面

MEMO ...

Line 照片貼圖創作

適用：CC 2020-2022

▶ 利用 Photoshop 完稿，置入圖片再用套索工具製作遮色片，圖層樣式筆畫效果。

▶ 製作完成後，再轉存成檔案格式為 png 的網頁使用格式。

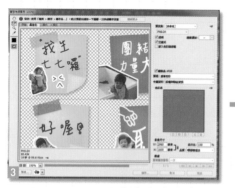

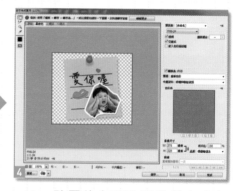

▶ png 格式背景為透明度。

▶ Line 貼圖的主要貼圖繪製完成之後，也要記得繪製 main 以及 tab 的圖檔格式。

完成圖

6-1 Line 照片貼圖創作

Line 06
照片貼圖創作

烘焙手作 LOGO 設計 07

設計 08
日式料理食譜書籍封面

蛋糕甜點菜單設計 09

巧克力手提袋包裝設計 10

6-1-1　在 Photoshop 新增一個 Line 貼圖 Main 空白頁面

首先新增一個空白頁面，點選「檔案 > 開新檔案 > 網頁」，新增「一個 Main 頁面」，輸入 Line 官方指定的尺寸大小，「單位：像素、寬度：240 像素、高度：240 像素、解析度：72(像素 / 英吋)，背景內容：透明」，按下「建立」按鈕。

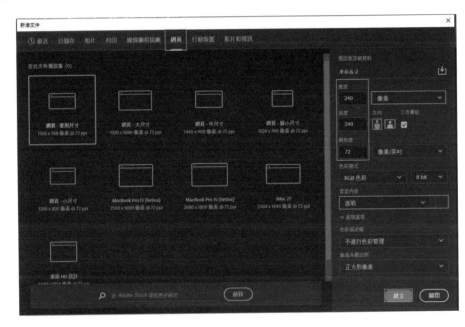

6-1-2 在 Photoshop 新增一個 Line 的 tab 尺寸大小的空白頁面

step 01 接著，新增一個「tab 頁面」，「檔案 > 開新檔案 > 網頁」，輸入 Line 官方指定的尺寸大小，「單位：像素、寬度：96 像素、高度：72 像素、解析度：72(像素 / 英吋) 、背景內容：透明」，按下「建立」按鈕。

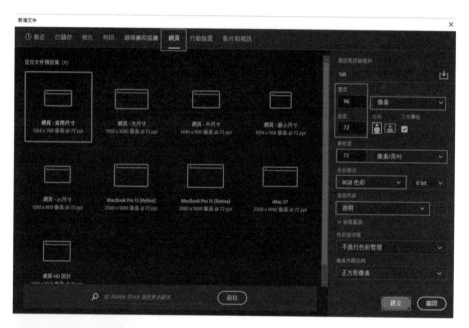

step 02 依照 LINE 官方提供尺寸，分別設定各版面尺寸大小。

貼圖尺寸規範表如右：

圖片	所需數量	圖片大小 (pixel)
主要圖片	1張	W 240 × H 240
貼圖圖片 (數量可選)	8張、16張、24張、32張、40張	W 370 × H 320 (最大)
聊天室標籤圖片	1張	W 96 × H 74

6-1-3 套索工具去除背景多於底色

step 01　首先將圖片置入 Photoshop 裡面編輯，置入的圖片建議使用個人拍的照片，再利用工具內的套索工具搭配遮色片功能，將背景底圖使用遮色片去除。

在 Photoshop 工作區域內將圖片繪製完成，讀者可以依照 Line 官方提供的貼圖尺寸設定來新增版面尺寸大小。

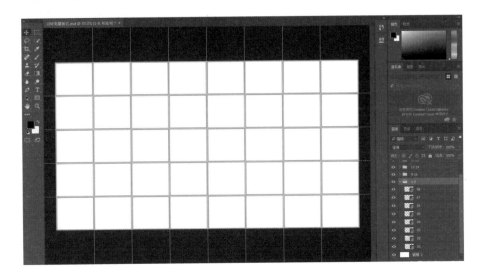

step 02　這一回貼圖創作練習使用點陣圖方式，以照片表現方式完成，讀者可以準備個人照片來練習，點選「檔案 > 置入嵌入的物件」將點陣圖片置入。

檔案(F) 編輯(E) 影像(I) 圖層(L) 文字(Y)	
開新檔案(N)...	Ctrl+N
開啟舊檔(O)...	Ctrl+O
在 Bridge 中瀏覽(B)...	Alt+Ctrl+O
開啟為...	Alt+Shift+Ctrl+O
開啟為智慧型物件...	
最近使用的檔案(T)	▶
關閉檔案(C)	Ctrl+W
全部關閉	Alt+Ctrl+W
關閉其他項目	Alt+Ctrl+P
關閉並跳至 Bridge...	Shift+Ctrl+W
儲存檔案(S)	Ctrl+S
另存新檔(A)...	Shift+Ctrl+S
回復至前次儲存(V)	F12
轉存(E)	▶
產生	▶
共用...	
在 Behance 上共用(D)...	
搜尋 Adobe 庫存...	
置入嵌入的物件(L)...	

<table>
<tr>
<td>step
03</td>
<td>置入完成的圖片檔案，使用
工具列中的「套索工具」，框
選照片中的人物。</td>
<td></td>
</tr>
</table>

<table>
<tr>
<td>step
04</td>
<td>再利用「增加遮色片」的方
式，顯示圖片以及隱藏圖片，
點選「視窗 > 圖層」，在圖
層面板中點選「增加遮色
片」，將需要的圖片顯示。</td>
<td></td>
</tr>
</table>

TIPs 遮色片概念

黑色顏色代表隱藏範圍，
白色顏色代表顯示範圍，
灰色部分代表半透明度。

6-1-4　圖片水平鏡射翻轉

step 01 畫面中的圖片要水平翻轉更改方向，點選畫面中照片，點選「編輯 > 變形 > 水平翻轉」。

step 02 再選擇「編輯 > 任意變形」調整物件大小後，按下「Enter」鍵。

step
03

接著，製作白色圖片邊框以及陰影效果，讓圖片看起來更加立體。在照片圖層上點兩下，開啟圖層樣式將「筆畫」選項打勾，筆畫的圖層樣式參數設定「筆畫：尺寸調整參數為 3 像素、位置：內部」、「填色類型選擇顏色、顏色選擇白色」，設定完成之後按下「確定」按鈕。

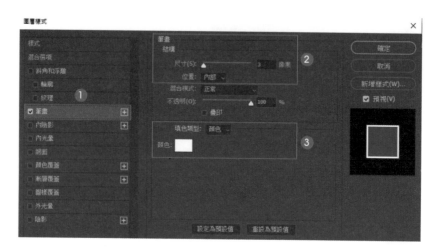

step
04

再做一點「陰影」效果讓圖片看起來更加立體，在圖層樣式將「陰影」選項打勾，陰影的「顏色設定為黑色、不透明度為 35%」、「尺寸微調參數為 3 像素」，調整完畢後按下「確定」按鈕。

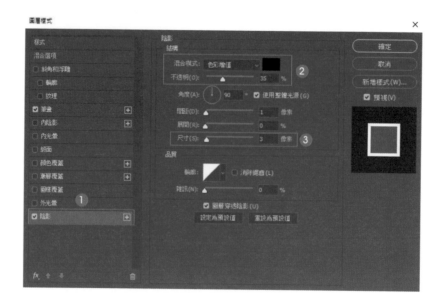

step 05

製作完畢後，在圖層樣式裡建立成一個圖層樣式功能，如此就可以運用在其他相同照片內容，並且快速套用使用此功能特效。

點選畫面中建立完成的圖片，「視窗 ＞ 樣式」，點選「建立新增樣式」，將新增樣式名稱重新命名為「樣式 1」，按下「確定」按鈕建立完成。

6-1-5 筆刷工具與遮色片運用

step 01 利用筆刷工具使用遮色片將多餘部分塗掉,首先先置入圖檔,「檔案 > 置入嵌入的物件」。

step 02 將置入圖片圖層中的不透明度參數數值調降,這麼做的好處是,可以看到底下圖片超出的範圍。

step 03 再利用遮色片的概念將超過便利貼邊角地方多餘的部分塗掉，先設定工具列中的筆刷設定，點選「筆刷工具」、「前景色為黑色」，在上方的控制面板「筆刷選擇實邊圓形，不透明度為 100%」。

實邊圓形

將超過範圍塗掉

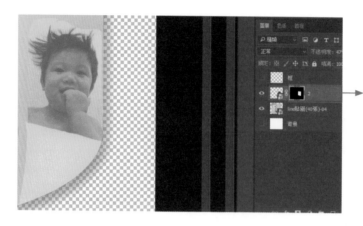

超過畫面中標籤圖樣的範圍塗掉之後，在遮色片上會呈現白色部分，白色部分代表顯示範圍。

step 04 點選「視窗 > 透明度」，將原來調降的不透明度調回「100%」，接下來套用剛才建立的圖層樣式效果，點選樣式面板中所建立的「樣式1」，製作「圖層樣式中白色筆畫以及陰影效果」。

6-1-6 貼圖轉存輸出

將繪製完成的「照片點陣圖」貼圖輸出轉存。

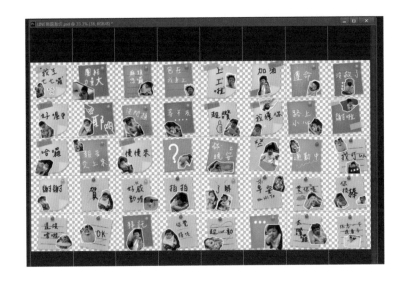

Line 照片貼圖創作 06
烘焙手作 LOGO 設計 07
日式料理食譜書籍封面設計 08
蛋糕甜點菜單設計 09
巧克力手提袋包裝設計 10

step 01 Line 貼圖為網頁圖片，因此檔案設定尺寸大小，在設計的時候需要使用儲存網頁檔案，檔案才不會太大，而導致上傳問題，點選「檔案 > 轉存 > 儲存為網頁用 (舊版)」。

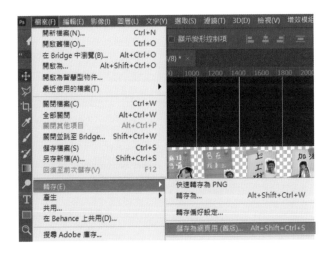

step
02
Line 貼圖設計如果希望背景是「透明」，在檔案格式選擇「PNG-24」，
最後按下「儲存」按鈕即可。

step
03
轉存檔案請點選「格式：僅影像」，代表只有圖片檔案轉存，設定完按下
「存檔」按鈕。

烘焙手作 LOGO 設計

適用：CC 2020-2022

設計概念

設計黑色系的 LOGO 希望呈現時尚感，杯子蛋糕外型使用具象的方式呈現，順著線條設計延伸 LOGO 末端自然呈現尖角。

軟體技巧

使用鋼筆工具描繪線條外觀，再利用平滑工具順一下線條，最後調整筆畫末端線條，利用文字路徑功能製作上方圓形以及下方圓形效果。

檔案

✦ 第 7 章 >
  logo 完成品 .jpg

設計
流程

1

▶ 使用鋼筆工具描繪
LOGO 外型輪廓。

2

▶ 末端端點使用「筆刷
工具」調整為平滑。

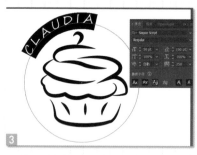

3

▶ 使用「路徑文字工具」製作繞
在圓形框上方的文字效果。

4

▶ 使用「路徑文字工具」製作
圍繞物件下方的文字效果。

完成圖

7-1 LOGO 商標設計技巧圖片

7-1-1　設計 CIS 前需要了解的事項

在設計公司的 CIS 之前，必須先要了解一家公司的企業文化與營業項目等，以便有概念的設計方向。

1. 公司企業簡介

一般公司會將企業理念注入於商標內，有助於提升商標的內涵，對內凝聚公司員工的向心力，對外幫助拓展的企業公司形象。

2. 營業項目內容

因此產品結合商標設計也是常見的設計手法，除了可一目了然知道公司的商品之外，也可以提升公司地位。好的商品可以特別強調企業是該領域的先驅領頭羊，例如：台灣最有名的企業 —— 台積電，就是以「晶圓」為商標。

7-1-2 設計心法

1. 消費者族群分析

消費者族群大致上分以下幾各層次。

層次	說明
年齡層次	學齡前、國小、國中、高中、大學、20~30 歲（青年）、30~40 歲（青壯年）、40~50（中年）歲、50~60 歲（中老年）、銀髮族（老年）。
職業	上班族（白領）、藍領、家庭主婦、學生…等其他。
競爭對手	相似者為競爭者、區別消費市場走向，企業商標與所有產品一樣，都會隨著社會變遷而有不同的流行，順應時下的潮流設計，才能使企業永保市場的地位。

2. 造型要素

造型要素	說明
英文字體造型	公司英文名稱的縮寫、標準正式字型 、黑體字型、草寫體等。
中文字體字型造型	仿宋體、標楷體、明體、黑體、毛筆字體、書寫體、草書等字體，可以依照字型變化，中文圖形化或是草寫書寫體來表現。
具象事物造型	動物、植物、人物、日月、大自然、甲殼類、兩棲類、昆蟲類、化學、原子、運動類、文學、其他等。
幾何圖形造型	矩形、長方形、多邊形、菱形、三角形、圓形、橢圓、星形、曲線、其他造型等。
混合運用	原住民圖騰、徽章樣式、卡通插圖造型等。
選擇合適的字體	字體跟顏色一樣重要，這幾年普遍都以簡潔的字體為主要首選。如國際化的公司，就選擇英文字作為主要的 LOGO 呈現。

3. 設計風格

設計風格很多元，有抽象、具象、極簡、通俗、繁複、時尚、流行、優雅、古典、復古、前衛、動感、穩重、柔和。

具象外型的 LOGO

圖片來源：https://commons.wikimedia.org/
wiki/File:Burger_King_2020.svg#mw-
jump-to-license

徽章外型的 LOGO

圖片來源：https://www.starbucks.com.
tw/home/index.jspx?r＝41

抽象圖形的 LOGO

圖片來源：https://www.bp.com/

Google

具象形式英文名稱形式的 LOGO

圖片來源：https://www.google.com/

4. 其他注意事項

設計師必須了解服務的企業，有什麼特別的喜好風格或顏色，以及企業的禁忌顏色和風格，例如：有些企業會請命理師算過，該企業不適合紅色，或是企業的禁忌不喜歡紅色等。

或是不要有哪些圖形，例如：圓形或弧線。這些都必須在設計前與企業做好溝通，以免耽誤彼此的時間。

7-1-3 設計 LOGO 注意事項

LOGO 的設計需要留意下列幾點：

1. LOGO 大小都要能清楚辨識

LOGO 如果出現在戶外看板上，必須清楚的讓所有人都一目了然，具有清楚的辨識度。當 LOGO 出現在文具用品、事務用品，在 LOGO 直徑一公分的大小以內的尺寸，如果設計太過複雜，可能會影響到閱讀性。

2. LOGO 好記、簡單到可以輕易繪製

拿起筆即可簡單描繪出來，如 Nike 的彎勾、麥當勞的 M⋯都讓人印象深刻，容易被記住。

3. LOGO 黑白都要清楚呈現

有時會使用傳真，將公司文件傳給廠商，公司的 LOGO 顏色會變成黑白時，如果設計的 logo 太過複雜，傳閱給廠商時便會影響到閱讀性，有可能會變成一坨黑色的 logo，導致閱讀性較差。

4. LOGO 可以修改顏色配色

以 Nike 的品牌商標來舉例，Nike 的標準顏色是紅色，但你也可以看到白色、黃色、藍色、綠色或是黑各種色彩，主要還是依照商品本身顏色而去配色。

圖片來源 https://www.nike.com/tw/w/
womens-shoes-5e1x6zy7ok

圖片來源：https://www.nike.com/tw

5. LOGO 具有國際化的設計質感

選擇一個世界共通語言的圖案，像是蘋果就使用蘋果外型，全世界都可以看得懂的圖案，在任何國家、世代都是可以溝通的。

6. LOGO 代表的是企業文化精神

Nike 的彎勾 LOGO 創意來源，取至於希臘神話中女神的翅膀，經典品牌的 LOGO 像是 LV，具有多種媒材的應用性，它可以放在各式材料上，例如：牛皮製作的包包、金屬飾品、配件、鐵鍊等各種不同材質。同時好的品牌 LOGO 可以打造讓人想要一直穿在身上的感覺。

設計師需要充分了解設計對象的「品牌定位、文化特色訴求」，深入了解您的客戶才能提高整個設計的質感，以設計出符合品牌的風格。

分析品牌想要傳達的元素，將獲得的資訊濃縮成簡單的文字來呈現，例如：有些品牌希望第一印象想給人「舒服」、「放鬆」、「時尚」等感覺，所以在導入設計時，客戶可提供給設計師依循的方向，讓設計師更能展現出客戶想要的品牌價值與符合企業精神的圖樣，以強化 LOGO 的辨識度。

使用英文名稱為主

圖片來源：https://www.coke.com.tw/zh/home

使用英文名稱為主

圖片來源：https://www.yslbeauty.com.tw/

使用圖像與英文名稱為主

圖片來源：https://www.adidas.com.tw/

使用圖像與英文名稱為主

圖片來源：https://www.mercedes-benz.com.tw

越是在地的企業或是本土的品牌，越是傾向於選擇當地語言，例如該品牌如只有在臺灣銷售，尚未跨足國際，可使用繁體中文字體來設計，使用英文的 LOGO 如果名稱過於難唸，會使消費者難以念出品牌名稱而影響行銷。而有些品牌或企業的名稱的筆劃較複雜，設計師可適度將字體簡化，讓 LOGO 看起來比較簡單容易辨識。

圖片來源：https://www.dior.com

圖片來源：https://www.underarmour.tw/

7. 不要使用過多顏色配色

注意不要選用太多的顏色，這樣會弱化 LOGO 本身的視覺效果，應挑選符合的顏色。以食品舉例配色，冷色調藍色配色適合生鮮食品、冰品，而暖色調則比較適合在熟食配色。

吉祥物外型的 LOGO

圖片來源：https://www.kfcclub.com.tw/

7-1-4　品牌設定與企劃方向

1. 設定主題風格

每一個商品都有一個主題,以及想要傳達的表現風格。

2. 蒐集相關資料

根據分析的主題在設計過程中尋找相關資料。例如:分析某產品競爭力的同時,分析產品本身的外型外觀、商品產生的好處功能,甚至原料成分、產品價格、產品保存期限短等,同時也要分析同類型產品的市場銷售型態以及規模。如果原料或商品需要進出口,當然相關的條列法規等,全部都要收集彙整有利未來商品發展。

優勢 Strengths

分析企業與同業更具競爭力的因素,企業執行或是資源上優於對手的獨特利益。

劣勢 Weaknesses

相較於競爭者比較而言,販售商品的同時,在市場上與競爭者的比較之下,不擅長或欠缺的能力、價值及資源等。

機會 Opportunities

與競爭對手中有利於現況或未來發展可能的因素。

威脅 Threats

任何企業中不利於現況或未來情勢發展的威脅,可能造成的傷害或可以威脅其競爭能力的重要因素。

7-2 烘焙手作 LOGO 設計

Section

7-2-1　新增一個空白畫面

新增一個空白畫面,「檔案 > 新增 > 列印」,「尺寸選擇 A4 尺寸,出血設定為 0 mm,色彩模式為 CMYK,點陣特效為 300 ppi」,設定完畢後按下「建立」按鈕。

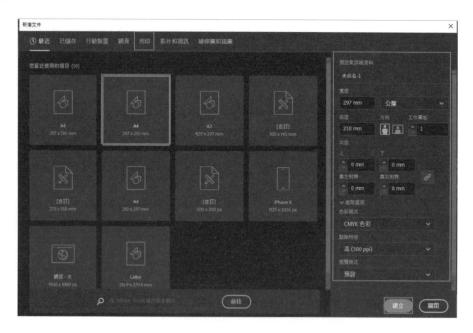

7-2-2　描繪蛋糕外型

利用工具列中的「鋼筆工具」來描繪 LOGO 外型。

step 01 點選工具列中的「鋼筆工具」，在「填色的地方不要填任何顏色」，筆畫的顏色為「黑色」，使用黑色鋼筆線條描繪 LOGO 外型。

step 02 調整筆畫粗細點選「視窗 ＞ 筆畫」，寬度設定為「8 pt」。

step 03 利用「鋼筆工具」描繪外型。

step 04 繪製的線條如果沒有很平順，可以利用「工具列」中的「平滑工具」，順一下所描繪的線條，減少因為使用鋼筆工具繪製時產生多餘的「錨點」節點。

在線條的末端處，將畫面中的線條變成是圓形尖角。首先框選畫面中的 LOGO，再點選上方控制面板中的「寬度描繪檔 1」。

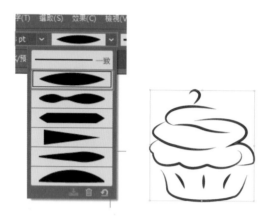

最後再用工具列中的「選取工具」，局部選取外部線條，調整筆畫粗細，讓外圍的圖形筆畫線條較粗，內側圖形線條較細，點選「視窗 > 筆畫」，調整寬度為「15 pt」。

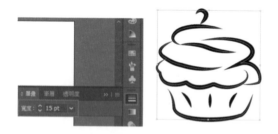

7-2-3　文字圍繞圖形效果

點選工具列中的「橢圓形工具」，填色不填顏色，筆畫的顏色為「黑色」。按住「Shift」鍵，繪製一個正圓形，再利用「選取工具」，點選繪製完整的線條，壓住「Alt」不放拖曳，複製另外一個圓，一共有兩組圖形，一組為上方的文字圍繞形狀，另外一組圓為下方的文字圍繞形狀的功能。

左邊的圓圈圈線框為上方
圍繞文字

複製的右邊的圓圈圈線框
為下方圍繞文字

step 02 利用「路徑文字工具」，壓在上方的圓型，輸入「CLAUDIA」文字，完成後反選畫面中的文字，再調整字型大小以及樣式。

<table>
<tr><td>step
03</td><td>點選「視窗 > 文字 > 字元」，調整「字型樣式、字型大小、字元距離」，建議字型風格可以選「手寫風格」，較有隨性的筆刷觸感，再來調整適合 LOGO 的字型大小。</td></tr>
</table>

<table>
<tr><td>step
04</td><td>再製作下方的文字圍繞形狀功能，選擇工具列中的「路徑文字工具」，壓在線條上，先輸入「Baking Handmade」文字。</td></tr>
</table>

step 05 輸入完成後，利用「選取工具」點選輸入的文字，再利用工具列中的「滴管工具」，滴一下剛剛輸入的上方文字，可以複製相同的字型樣式。

step 06 接著製作下方的文字，利用「選取工具」，點選「文字框」往內移動拖曳，讓文字線下方有「由左到右」方向。

點選文字框，往內移動拖曳

再利用「字元面板」，調整字型大小樣式。

字型大小調整完成後，再到工具列使用「選取工具」點選文字，旋轉文字角度至合適角度。

完成品。

日式料理食譜
書籍封面設計

適用：CC 2020-2022

設計概念

在 Photoshop 利用濾鏡效果製作一個木紋背景，再搭配背景照片邊緣顏色較深的 Lomo 相片風格，以暖色調色系配色。

同時在照片製作拍立得白色邊框效果，將照片鋪在木紋材質效果上方。

軟體技巧

利用濾鏡效果製作一個木紋背景底圖，再用圖層樣式效果製作照片中的白色邊框效果，並且將該效果建立成常用的樣式效果，套用在每一張照片上，最後使用純色功能再搭配遮色片效果，製作一個背景 Lomo 風格效果。

檔案

✦ 第 8 章 > 使用素材 > 食物 >01 (1)~01 (7). jpg

✦ 第 8 章 > 完成品 .psd

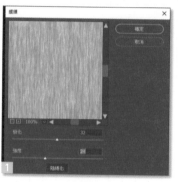

▶ 使用濾鏡演算上色功能，製作一個木紋背景底圖。

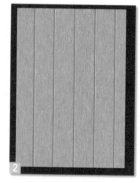

▶ 用工具列中的「矩形工具」製作木紋效果。

▶ 利用圖層面板中的「純色」顏色，再搭配遮色片，製作出 Lomo 相片風格背景底圖。

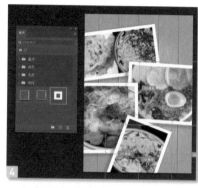

▶ 在照片的圖層樣式選擇白色筆畫框效果，並在樣式面板中建立圖層樣式，套用在其他照片上。

完成圖

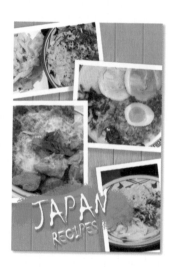

8-1 色彩運用語配置

8-1-1 製作木紋效果

step 01　首先新增一個空白頁面，「檔案 > 開新檔案」，點選「列印」，尺寸點選「A4」、「寬度：210 公釐、高度：297 公釐、解析度：300(像素 / 英吋)、色彩模式：RGB、背景內容：白色」，設定完畢按下「建立」按鈕。

step 02　製作背景木紋效果，首先修改顏色的「前景色」以及「背景色」，使用深淺顏色交替。

step 03 點選「濾鏡 > 演算上色 > 纖維」，製作「木紋」效果。

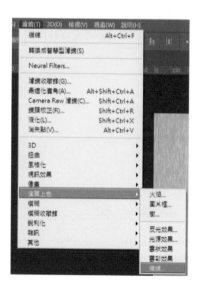

step 04 輸入參數為「變化：32、強度：24」。

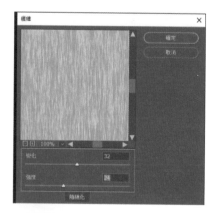

step 05 接著，製作木板的效果，在工具列點選「矩形工具」。

step
06

上方控制面板點選「形狀」、「填滿：改為咖啡色」，筆畫不填顏色。

step
07

對著畫面繪製一個深色矩形。

step
08

同樣的，在上方控制面板選擇「形狀」，「填滿顏色選淺色」，筆畫不填筆畫顏色。

step
09

在相同位置繪製一個淺色矩形。

step
10
這時深色和淺色矩形重疊後，就會創造出木板條紋的視覺效果。

step
11
在圖層中有很多矩形色塊，調整木板上的矩形間距，可利用工具列中的「選取工具」點選畫面中的矩形色塊，按住「Shift 鍵」壓住不放一起選取，按下快速鍵「Ctrl＋T」，調整物件大小並且移動位置。

8-1-2　增加圖片層次感

step
01
點選「視窗 ＞ 圖層」，在「新增填色與調整圖層」選擇「純色」。

step 02　增加一個咖啡橘色顏色在圖層最上層。

step 03　點在圖層遮色片上。

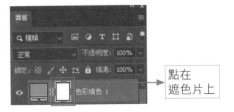

點在遮色片上

step 04　在工具列中選「筆刷工具」，前景色為「黑色」，上方控制面板設訂「柔邊圓型，不透明度調降為 60%」。

step 05　將圖片中間部分刷掉。遮色片黑色顏色代表隱藏範圍、白色代表顯示範圍。

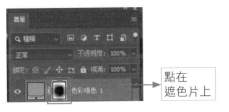

點在遮色片上

step
06
刷掉中間部分最後圖形呈現
樣貌如圖所示。

刷掉中間部分

step
07
調整完成後，在圖層上設定
不透明度「60%」、讓畫面更
有層次感。

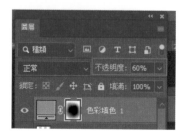

8-1-3 置入圖片製作即可拍照片效果

step
01
在木板效果圖片上置入圖片，
點選「檔案 > 置入嵌入物
件」，選擇第 8 章的「使用素
材 > 食物 > 01 (1) .JPG」
分別將圖片置入。

step
02
點選置入畫面中的圖片，在圖層面板中的照片圖層，點兩下會出現「圖
層樣式面板」，將「筆畫」選項打勾，調整「尺寸輸入 38 像素，位置：
內部，填色類型：顏色，顏色：白色」。

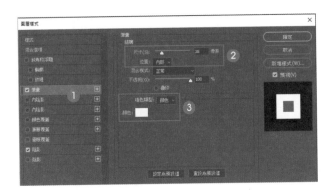

^{step} 03 再將「陰影」選項打勾，調整「混合模式：色彩增值，顏色：黑色、不透明度：23%」，「尺寸調整：36 像素、間距：29 像素、展開：48%」。

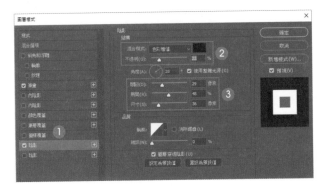

^{step} 04 點選「視窗 > 樣式」，選擇「新增樣式」。

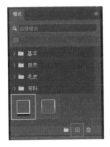

^{step} 05 在開啟的新增樣式面板上，名稱輸入「即可拍照片」。

step
06
接著，將其他圖片置入第 8
章「使用素材 > 食物 > 01
(2)～ 01 (7).jpg」圖檔置入。

step
07
再將置入的圖片套用上面設
定的樣式，點選「即可拍照
片」樣式，所有的圖片就出
現白框了。

8-1-4 標題文字製作

step
01
點選「視窗 > 新增」，新增
一個空白圖層。

step 02 使用工具列中「筆刷工具」，修改前景色為「橘色」。

step 03 在上方控制面板將「筆刷設為：Kyle 的蠟筆，筆刷尺寸：171 像素，不透明度：100%」。

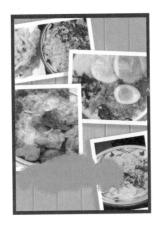

step 04 在視窗中圖層的不透明度設「85%」。

<table>
<tr>
<td>
step
05
</td>
<td>輸入標題文字，使用「文字工具」在圖片上點一下，輸入文字「JAPAN」。</td>
<td></td>
</tr>
</table>

<table>
<tr>
<td>
step
06
</td>
<td>接著，反選圖片中的文字，點選「視窗 > 字元」，調整「文字字型大小 134.85 pt，字元 (VA) 距離設定為 0，顏色設為白色」。</td>
</tr>
</table>

<table>
<tr>
<td>
step
07
</td>
<td>點選「文字圖層」兩下展開「圖層樣式」面板。</td>
</tr>
</table>

step 08 　將圖層樣式「陰影」選項打勾，「混合模式：正常，使用顏色：紫色，不透明度：55%、尺寸：11 像素」。

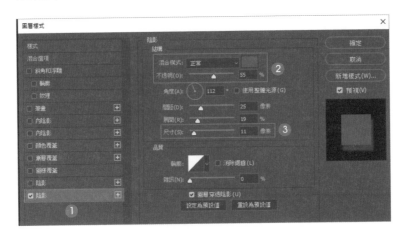

step 09 　副標文字「RECIPES」的設定和製作方法，與前面標題文字相同。

副標題依照標題的操作方法製作，
重複步驟 07 以及 08 動作

完成品

09

蛋糕甜點
菜單設計

適用：CC 2020-2022 Ai

設計概念

此單元為正反面菜單設計，並且將檔案完稿製作在同一個 Illustrator 軟體裡面。整體視覺畫面，背景底圖使用木板材質鋪在底下，正反面中所使用的甜點圖片，利用剪裁遮色片，正面圖稿所設計的筆刷效果，使用筆刷工具刷上，並且墊在底下，標題文字使用亮色系顏色搭配，整體風格以美式風格設計，畫面中文字使用亮色系顏色搭配，該單元設計著重簡單重點式的編排。

軟體技巧

Illustrator 製作圖片剪裁遮色片效果，畫面中的文字製作疊字運用，筆刷效果刷上筆刷後並且調整透明度，工作區域複製並且在同一個檔案內完成兩張設計稿件設計。

檔案

✦ 第 9 章 > 使用素材 >
1 (1).jpg~1 (16).jpg、
cook logo 設計 .ai、
使用文字 .ai

✦ 第 9 章 > 菜單設計完稿 _ 工作區域 1 複本 .jpg、菜單設計完稿 _ 工作區域 1.jpg

▶ 置入顏色較深的木紋圖片
背景當底圖，才可以突顯
照片以及文字。

▶ 置入 LOGO 圖檔，利用剪裁遮色片
製作畫面中的圖片。

▶ 標題文字使用較粗的字體，
建議使用亮一點顏色，才可
以突顯畫面中的文字。

▶ 製作筆記本可以使用路徑管理員效
果，減去上層挖空的效果。

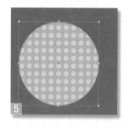

▶ 標籤製作，利用複製變形功
能製作重複的點點，再利用
剪裁遮色片製作圓圈圈。

▶ 製作疊字效果，使用筆畫以
及填色顏色重疊製作。

左為菜單正面設計　　　　　　　　　　　　　右為菜單背面設計

9-1 Section

蛋糕甜點菜單正面設計

9-1-1　新增一個畫面

首先新增一個完稿畫面，本章練習都利用 Illustrator 操作完成。在新增一個頁面後，點選「檔案 > 列印」，設定「尺寸：A4，出血：(上)3mm、(下)3mm、(左)3mm、(右)3mm」，完成後，按下「建立」按鈕。

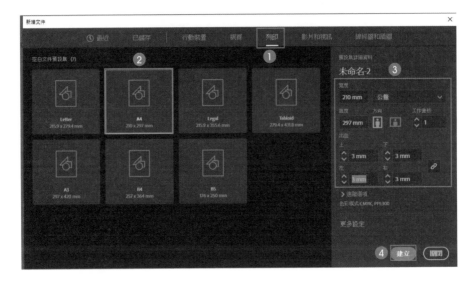

9-1-2　背景底圖製作

step 01　置入圖片來當背景底圖，點選「檔案 > 置入」，將圖片檔案第 9 章的「使用素材 > 1 (14) .jpg」圖片檔案置入，在上方控制面板按下「嵌入」選項，圖片必須貼齊紅色出血框線。

step 02

接下來，在背景底圖上方製作一個漸層，先使用「工具列」中的「矩形工具」繪製一個矩形，再到「漸層工具」上點兩下，右側會跳出漸層填色面板。

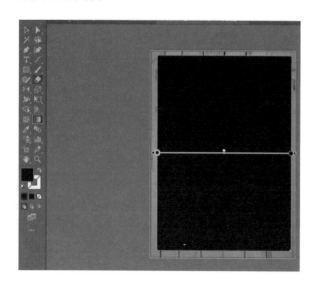

step 03

點選「漸層面板」中的漸層顏色，在「漸層滑桿」上點兩下，並且在顏色上面點兩下之後調整顏色，點兩下同時會跳出顏色面板，「K 代表灰階無彩色的顏色」。

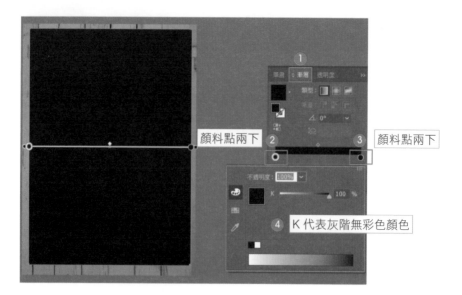

顏料點兩下

顏料點兩下

K 代表灰階無彩色顏色

step 04 將左邊的黑色不透明度調整至「50%」，透明度調降後顏色會有半透明感覺。

step 05 右邊的黑色不透明度調整為「100 %」，即完全不透明的黑色。

step 06 設定完成後，到工具列點選「線性漸層」，回到圖片上，由下往上拉漸層，畫面會呈現由下面 100% 的黑色，到往上面有 50% 半透明度的黑色，就產生線性漸層的效果。

由下往上拉

step 07 製作完成的漸層圖片可以再多做一個透明度的感覺，讓畫面看起來更透明，點選「視窗 > 透明度」，點選「透明度」面板，在「漸變模式」選擇「色彩增值」，不透明度為「80%」調整透明度。

9-1-3　橢圓形剪裁遮色片製作

將圖片第 9 章的「使用素材 > 1 (16).jpg」圖片置入，置入後利用剪裁遮色片效果，將圖片在橢圓形狀中呈現，該效果稱為剪裁遮色片效果。

step 01 首先點選工具列中的「橢圓形工具」，顏色設定不填顏色，將繪製完成的橢圓形放置在照片上面。

step 02

利用「選取工具」同時框選畫面中的圖片，按下滑鼠右鍵選擇「製作剪裁遮色片」

step 03

製作完剪裁遮色片之後，可以為圓形圖片加一個白色邊框，讓畫面中的圖片看起來明顯且更美觀。

製作一個漸層筆畫填色以及筆畫白色的橢圓，使用「橢圓形工具」重新填顏色為「漸層灰色」，並保留筆畫顏色為「白色」。

填色顏色為漸層灰色，筆畫顏色為白色

step 04

製作完剪裁遮色片圖片，在照片底下製作一個圓形的漸層的背景，讓畫面看起來更立體，再利用「橢圓形工具」繪製一個比圖片大的正圓形，點選畫面中的「漸層工具」填入漸層顏色，繪製完畢之後，按下滑鼠右鍵，選擇「排列順序 > 移至最後」。

9-1-4　筆刷工具繪製筆刷效果

step 01
在圖片底下製作一個背景筆刷效果，點選工具列中的「筆刷工具」。

step 02
再到「視窗 > 筆畫」，選擇筆畫寬度，將寬度設定為「2 px」。在畫面中刷上 5 個筆刷，在筆刷資料庫選單，選擇「藝術 _ 水彩」，刷上去的筆刷會有半透明的感覺 。

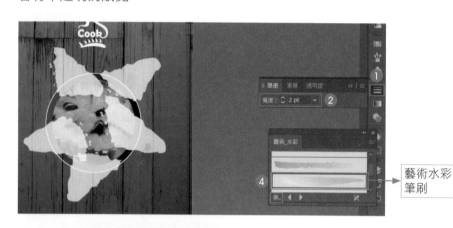

藝術水彩筆刷

^{step}
03
點選畫面中圖片，按下滑鼠右鍵選擇「排列順序 > 移至最前」。

9-1-5　將 LOGO 置中對齊

^{step}
01
點選圖片上的 LOGO 置中對齊，選擇「視窗 > 對齊」，再點選右上角的選項功能，按下「顯示選項」將更多的功能展開。

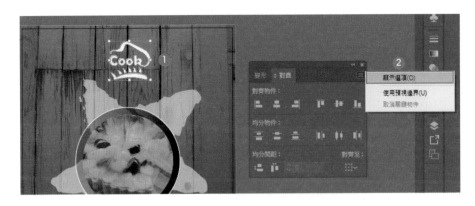

^{step}
02
點選「對齊至：對齊工作區域」，將整個工作區域對齊。

step
03

在對齊面板中,再點選「居中對齊」,圖片上的 LOGO 就會在整個圖片的中間。

9-1-6　輸入文字

在製作圖片上的文字,建議使用亮色系文字,字體以粗黑體為主。

step
01

輸入文字,在工具列中選擇「文字工具」,在圖片上點一下輸入想放上菜單上的「文字」。

step
02

將圖片上的文字變成一般物件狀態,才不會因為不同電腦打開字型會跳掉,選擇「選取工具」,點選畫面中文字,按下滑鼠右鍵選擇「建立外框」。

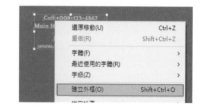

step
03

文字建立外框之後，按下滑鼠右鍵選擇「解散群組」，先單獨調整字型大小，讓圖片上的文字有大小的變化，接下來再利用「對齊面板功能」，對齊圖片上的文字。

step
04

將圖片上的文字居中對齊後，再點選「視窗 > 對齊」，在對齊面板上選擇「對齊至：對齊選取的物件」，這時文字會以物件方式對齊。

step
05

再點選「居中對齊」，讓畫面中的文字全部居中對齊。

前一節的步驟是製作甜點菜單的正面菜單，現在要繼續製作背面菜單。

蛋糕甜點菜單背面設計

9-2-1　複製工作區域

step 01　複製工作區域中原有的工作區域，在工具列中選擇「工作區域工具」，點在原來的版面工作區域上面，再按下「Alt」鍵往右邊拖曳複製，這時右邊就多一個工作區域，再按下「Esc」鍵取消工作區域功能。

step 02　點選左邊圖片上的 LOGO 圖片，按下「Alt」鍵往右頁拖曳複製，進行編排設計。

9-2-2　製作筆記本打孔效果

^{step} 01 首先製作筆記本紙張背景底色，點選工具列中的「矩形工具」對著畫面繪製一個矩形色塊，並且重新填色。

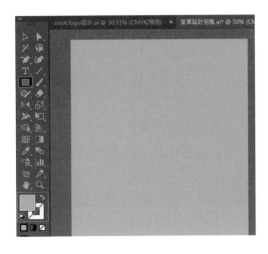

^{step} 02 再點選「橢圓形工具」對著空白頁面繪製圓形，按下「Shift」鍵繪製一個正圓型，再利用工具列中的「矩形工具」繪製一個矩形，並重新填色為「白色」。

描繪完畢之後，再局部調整矩形色塊的位置，選擇「直接選取工具」點選「錨點」，就可以局部移動錨點位置。

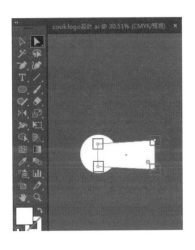

step 03 接著要將兩個物件居中對齊，點選「選取工具」再點選畫面中的圓形以及矩形色塊，選擇對齊面板的「居中對齊」。

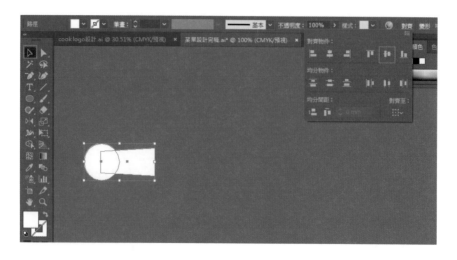

step 04 調整完畢之後，將這兩個物件變成是一組相同物件，點選畫面中「視窗 > 路徑管理員」。

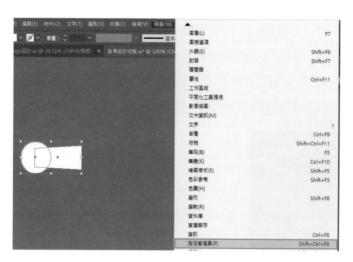

step
05
選擇路徑管理員面板中，形狀模式狀態下點選「聯集」，將兩個物件連結在一起。

step
06
製作完成的聯集物件後利用「個別變形功能」，向下移動複製變形物件，即複製變形圖片上的物件，點選「物件 > 變形 > 個別變形」。

step
07
在個別變形面板內，點選「移動 > 垂直輸入 15 mm」，按下「拷貝」按鈕，向下複製變形。

step 08 按下「Ctrl+D」複製變形快速鍵往下移動複製後，先將這些物件「聯集」為一組物件，才可以製作減去上層挖掉白色色塊的動作。點選「選取工具」後，再按住「Shift」鍵將圖片上的白色色塊一起選取，再點選「視窗 > 路徑管理員」，形狀模式選擇「聯集」。

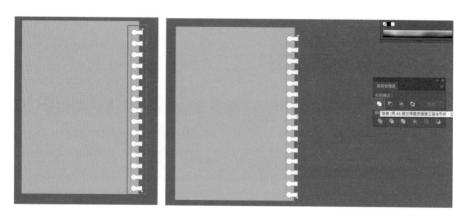

step 09 接下來，製作穿孔效果將上面白色色塊挖除，點選底下的矩形色塊以及上方已經聯集的打孔色塊，再點選「視窗 > 路徑管理員」，形狀模式選擇「減去上層」。

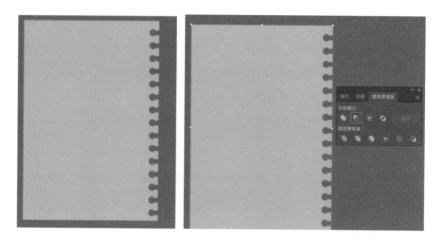

9-2-3　透明便利貼製作

製作透明紙膠帶效果，且紙膠帶左右兩邊有撕貼的感覺。

step 01　在工具列中選「矩形工具」，重新填上鵝黃色後，繪製一個長條矩形。

step 02　利用「增加錨點工具」在畫面中線條增加錨點。

step
03

增加「錨點」後，再用「直接選取工具」，點選圖片上的「錨點」局部移動位置。

step
04

再到上方的控制面板，點選不透明度調降為「80%」。

| step 05 | 製作完成後，可以利用「選取工具」點選已完成的紙膠帶，按下「Alt」鍵拖曳複製，一次複製四個，並在工具列中的「填色」修改顏色。 |

9-2-4　製作剪裁色片效果

利用剪裁遮色片效果把圖片置入在幾何圖形裡面。

| step 01 | 首先置入圖片第 9 章的「使用素材 > 1 (8)、1 (12).jpg」，再用工具列中的「矩形工具」設定不填顏色，將矩形框蓋在照片上面。 |

^{step}
02 再用「選取工具」，框選畫面中的圖片以及矩形框，按下滑鼠右鍵選擇「製作剪裁遮色片」。

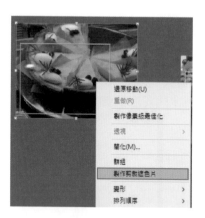

^{step}
03 製作完剪裁遮色片才可以在圖片上增加筆畫寬度線，點選「視窗」的「筆畫」，調整筆畫的寬度為「8 px」，並且「填筆畫白色」。

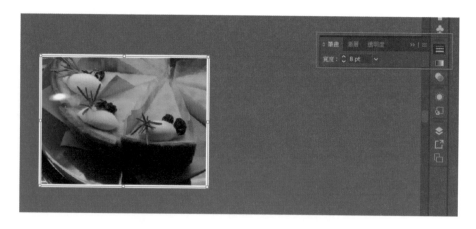

9-2-5　製作圓形貼紙效果

菜單上的圓圈圈的圓標，建議讀者使用亮麗的黃色來呈現。

step 01
在工具列中選擇「橢圓形工具」重新填上黃色，在畫面點一下會跳出橢圓形面板，設定橢圓形的尺寸大小，「寬度 10 mm、高度 10 mm」，再點選「選取工具」點選畫面中的圓形。

step 02
在移動面板的水平輸入「15 mm」，按下「拷貝」按鈕後，再按下「確定」按鈕。

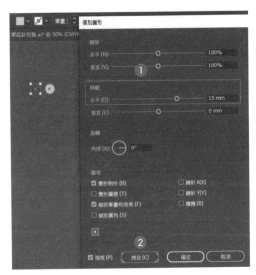

step 03
同時按下複製變形的快速鍵「Ctrl＋D」鍵，快速複製畫面中的圓形後，再框選畫面中的圓形，按下「Ctrl＋G」群組物件。

step 04 　點選「物件 > 變形 > 個別變形」，在「個別變形」面板中，移動水平輸入「0 mm，垂直輸入 15 mm」，最後按下「拷貝」按鈕後，再按下「確定」按鈕。

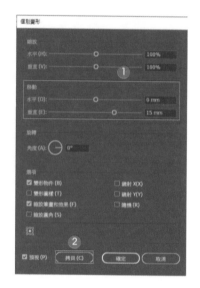

step 05 　接下來，按下「Ctrl＋D」鍵向下複製變形。

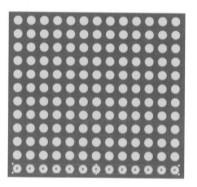

step 06 　再框選畫面中的圓形，按下滑鼠右鍵選擇「群組」。

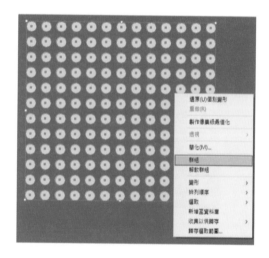

step 07 點選「橢圓形工具」繪製兩個正圓形，兩個圓形大小要一致。

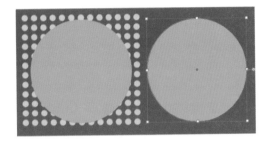

step 08 將左邊的圓形蓋在小圓上方，同時框選左方的大圓以及小圓，按下「滑鼠右鍵 > 製作剪裁遮色片」。

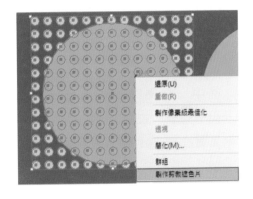

step 09 最後同時框選畫面中兩個圓形，將這兩個圓型物件在對齊面板中設定居中對齊，對齊面板選「水平居中、垂直居中」這兩個選項。

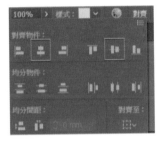

完成品。

9-2-6　製作疊字效果

最後製作疊字效果，讓圖片上的文字看起來明顯，這裡需要產生兩個文字，一組為筆畫效果，一組為一般填色效果。

step 01　在工具列中選擇「文字工具」分別輸入文字「Coffee & Music、Recipe、Cake」，再利用「選取工具」，按住「Alt」鍵不放，複製一組文字。

step 02　其中一組文字將製作筆畫效果，點選「視窗 > 筆畫」，在筆畫面板右上角點選「選項」按鈕，點選「顯示選項」，將整個筆畫面板開啟。

step 03　在筆畫輸入寬度「20 pt」，在「端點設定為圓角、尖角設定為圓角」，同時文字筆畫設定為「黑色」。

step 04　最後再將另外一組文字顏色改為「白色」顏色，該文字不需要筆畫顏色，覆蓋在黑色筆畫上面，疊字效果完成。

對齊後的完成品

step 05 在視窗的對齊面板內，將文字設定「垂直居中和水平居中對齊」。

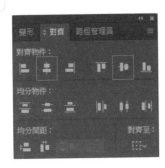

step 06 將製作完成的文字同時框選後，按下滑鼠右鍵選擇「群組」文字，再把群組文字放置在橢圓形色塊上；接著，再將圓形以及文字同時框選，再次按下滑鼠右鍵選擇「群組」物件。

step 07 最後製作陰影，讓畫面的圓形色塊看起來立體，點選「效果 > 風格化 > 製作陰影」，設定「模式：色彩增值、顏色：黑色、不透明度：80%、x位移：2 mm、y 位移：2 mm、模糊：2mm」。

完成品

製作好的筆記本紙張的圖案，可以直接套用陰影效果，Illustrator 會記錄使用者上一個效果動作，點選已完成的記事本的圖稿，直接套用剛已完成的，點選「效果 > 套用製作陰影」，效果最上方選項都會記錄上一個動作效果，算是很方便的設定。

完成品。

10

巧克力手提袋 包裝設計

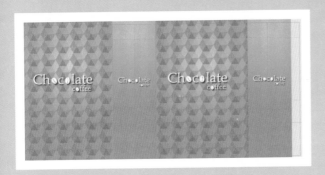

適用：CC 2020-2022

設計概念

使用重複的元件製作成色票背景，使用暖色調顏色為背景底圖，設計文字製作使用咖啡豆融入文字設計內，配色顏色使用白色，加上黑色底色強化視覺效果。

軟體技巧

正面設計使用色票效果製作重複元素當背景，再利用漸變模式效果，增加視覺效果，標題文字將文字建立外框，咖啡豆描繪使用橢圓形工具，並且展開線條製作咖啡豆，使用路徑管理員減去上層。

檔案

◆ 第 10 章 > 使用素材 > 紙袋展開圖 .ai

◆ 第 10 章 > 紙袋設計 完成品 _.jpg

▶ 展開圖稿在圖層最下層，以此圖檔當底稿描繪。

▶ 側邊設計，製作物件變形複製變形側邊的矩形色塊。

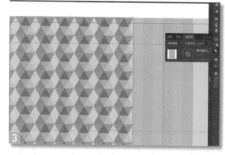

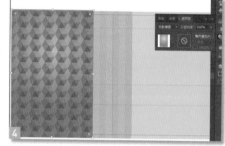

▶ 建立色票製作正面的包裝封面設計，再到漸變模式修改色彩模式，調降不透明度。

▶ 在圖層最上層製作一個放射狀漸層矩形，再調整色彩模式為色彩增值，調整漸變模式。

▶ 利用「橢圓形工具」繪製咖啡豆外型，再利用「鋼筆工具」描繪線條後，將線條展開，並且利用「路徑管理員」減去上層將上面的色塊減去。

▶ 標題文字製作，先將文字建立外框後，才可以改變文字造型。

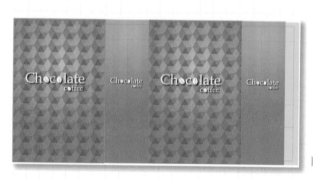

▶ 手提袋平面

10-1 包裝設計印刷技巧
Section

10-1-1　包裝設計的考量要點

1. 包裝的環保考量需要符合法規要求

2. 針對商品便利性以及商品保護性的開發

3. 賣場的陳列效果以及銷售考量

4. 物流配送以及配送安全性考量

5. 印製成本考量

6. 與市面上商品的差異化設計

常見的包材有以下幾種：寶特瓶、玻璃瓶、紙盒、利樂包、鐵鋁罐、塑膠材質、保麗龍材質。

紙盒包裝設計

圖片來源：

https://www.imeifoods.com.tw/

鐵鋁罐瓶設計

圖片來源：

https://www.coke.com.tw/zh/home

保特瓶設計

圖片來源：

https://www.coke.com.tw/zh/home

玻璃瓶設計

圖片來源：

https://www.twbeer.com.tw/

10-1-2　設計風格與包裝商業市場考量

設想透過設計和計畫安排的過程中，有目標的進行包裝設計創作，除了開發人員專注產品包裝設計專業以外，也需要考量利用商品在運輸過程中，防止商品碰撞損壞，以及方便收納儲存，透過包裝設計的圖文敘述，例如：商品製造商、產地、保存期限、製造日期、產品成分等。傳達生產者與消費者的溝通橋樑，好的包裝設計可以幫助產品銷售，產品不同的包裝也會有不同的效果，跟著潮流風格設計，創造出符合當今流行的風格設計。

精美的食品包裝盒設計

以法國巴黎鐵塔圖片還有南法的薰衣草風景底圖襯托出法國浪漫風情，包裝盒左下角特別擺放草莓圖片，代表該商品為草莓口味的商品。

圖片來源：

https://www.imeifoods.com.tw/

包裝與消費者之間的距離，在包裝設計外觀設計以及美觀上、考量實用性與商品外觀包裝設計會有直接聯想關係，而現代的包裝設計主要目的還是以促銷商品為主。

不同的產品應有不同的包裝方法，而包裝牽涉不同材料以及組合，成本經濟也是必需考量的其中一個環節，例如：蛋捲的包裝設計除了考量美觀性之外，還必須使商品在運輸過程中避免損壞。

圖片來源：
https://www.imeifoods.com.tw/

10-2 巧克力手提袋包裝設計

Section

10-2-1 圖層管理底圖色塊製作

step 01 開啟第 10 章的「使用素材 > 紙袋展開圖 .ai」範例檔案。

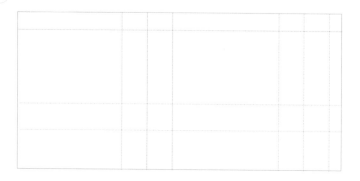

step 02 開啟檔案之後，點選「視窗 > 圖層」展開圖層面板，將「刀模 + 折線」的圖層上鎖，再新增一個新的空白圖層，並且重新命名「設計完稿」，再將圖層移動至最下層，所有完稿圖全部在「設計完稿」內完成。

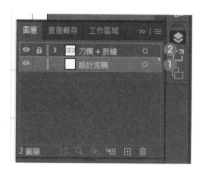

step 03 工具列中選擇「矩形工具」，將填色修改為「橘色」，並繪製一個矩形色塊超過刀模線。

step 04 接著，在工具列中點選矩形色塊並且上鎖，此時上鎖的好處是可以避免在編輯時不小心點到底圖。點選「物件 > 鎖定 > 選取範圍」，上鎖完畢以方便後續編輯。

10-2-2 繪製手提袋側邊設計

將圖片上的長條形色塊，使用複製變形方式製作側邊圖形，建議使用同色系跳色方式設計。

step 01 　在工具列中選擇「矩形工具」繪製一個矩形，在「視窗 > 變形」，調整寬度為「20 mm」。

step 02 　複製變形側邊的長條矩形，在「選取工具」點選圖片上的矩形，點選「物件 > 變形 > 個別變形」，將移動水平改為「20 mm」，按下「拷貝」按鈕，紀錄拷貝的步驟後，再按下「確定」按鈕完成設定。

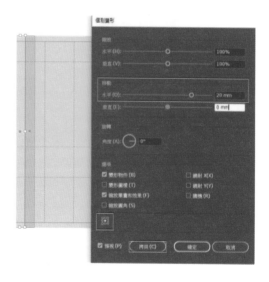

step 03 　按下複製變形的快速鍵「Ctrl＋D」，複製變形多個矩形色塊。

接著利用「選取工具」點選偶數的矩形色塊並修改顏色，在此建議使用同色系顏色較佳。以此範例來舉例，目前顏色是黃色，建議可以使用深黃色、淺黃色的同色系配色，利用同色系深淺顏色的跳色方式進行配色，改色之後再框選畫面中的矩形色塊，按下「Ctrl＋G」，群組畫面中的矩形色塊以利編輯。

以跳色方式將偶數設為深黃色

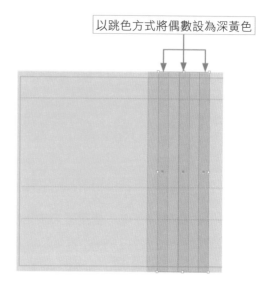

step 04 再多複製一組矩形色塊移至右方側邊，點選「選取工具」再點選「色塊」，按下「Alt」鍵拖曳複製，左右兩側的側邊圖形設計完成。

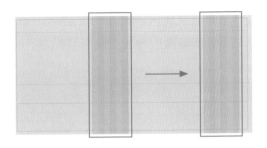

10-2-3 紙袋正面圖形設計

紙袋正面設計使用重複的色票方式來製作。

step 01 首先製作色票元素，利用工具列中的「多邊形工具」修改前景色，在填色顏色點兩下，會跳出檢色器面板，修改前景顏色輸入「參數 C: 4、M: 8、Y: 48、K: 0」。

step 02 在多邊形視窗上，半徑輸入「20 mm」，輸入邊數為「6」，按下「確定」按鈕。

點選工具列中的「線條工具」，設定「填色不上色」，
對著多邊形繪製對角線條。

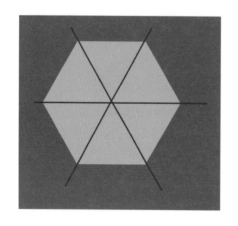

繪製完後，框選畫面中
的線條以及六邊形矩形，
使用即時上色方式來填
色，點選「物件 > 即時
上色 > 製作」。

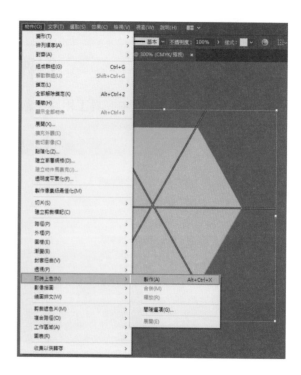

再點選「即時上色工具」，修改「填色」顏色，再將
顏色填入剛進行完成的即時上色的物件。

填色技巧可以利用跳色方式填入顏色。

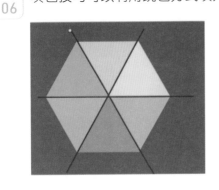

建議顏色色票參數

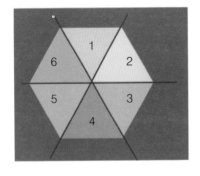

編號 1 顏色色票

C:	2%
M:	18%
Y:	40%
K:	0%

編號 2 顏色色票

C:	0%
M:	14%
Y:	27%
K:	0%

建議顏色色票參數

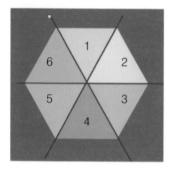

編號 3 顏色色票

C: 6%
M: 26%
Y: 62%
K: 0%

編號 5 顏色色票

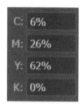

C: 6%
M: 26%
Y: 62%
K: 0%

編號 4 顏色色票

C: 12%
M: 48%
Y: 87%
K: 0%

編號 6 顏色色票

C: 6%
M: 31%
Y: 63%
K: 0%

step 07　填色完成後，再點選「選取工具」，點選六角形圖片，最後再將筆畫顏色取消。

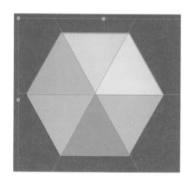

step 08 圖形完成之後可以開始建立色票，點選繪製完成的六角形，再點選「視窗 > 色票」，展開色票面板點選畫面中的色塊，拖曳至「色票面板」建立色票。

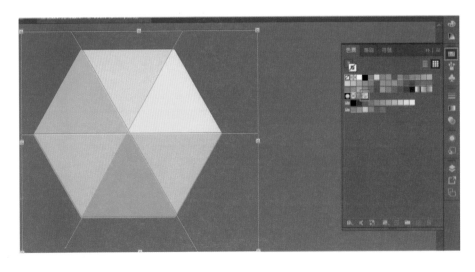

step 09 色票建立完成之後，在工具列中選擇「矩形工具」，以「填色上色」方式製作，繪製一個矩形，再點選套用剛才建立完成的色票元件，菱形的色票便會套用在所繪製好的矩形色塊上 。

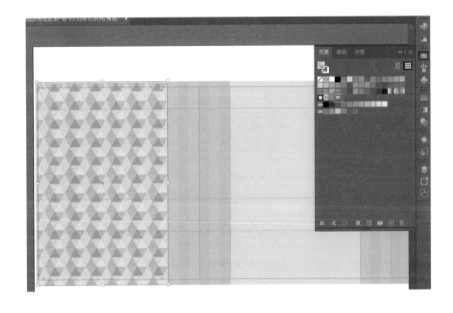

10-2-4　使用漸變模式增加畫面層次感設計

在繪製完成的色票色塊上方增加一個漸變模式的混合模式效果，讓畫面看起來更有層次感。

step 01 選擇「視窗 > 透明度」點選繪製完成的「色票圖片」元件，利用透明度面板中的「漸變模式：色彩增值」的混合模式，讓圖片呈現透光的透明感。

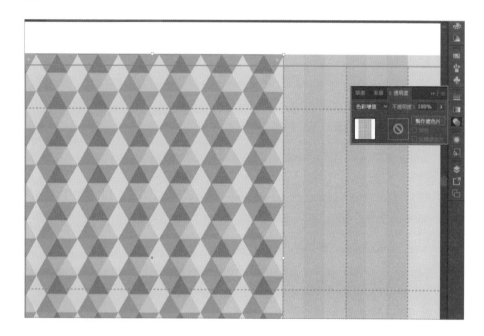

step 02 接下來再加強圖形的半透明感，首先繪製一個漸層色塊，點選「矩形工具」繪製一個矩形後，以漸層方式上色。點選工具列中的「漸層工具」在工具上點兩下，展開「漸層面板」點選漸層滑桿，漸層類型選擇「放射狀」。

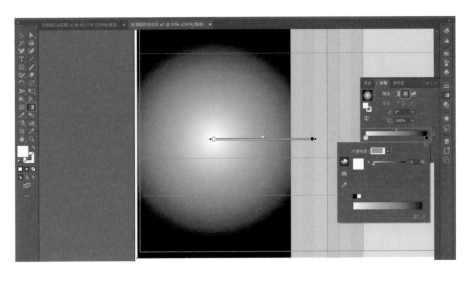

step
03

第一次填入漸層顏色要將灰階顏色變成彩色的 CMYK 顏色。

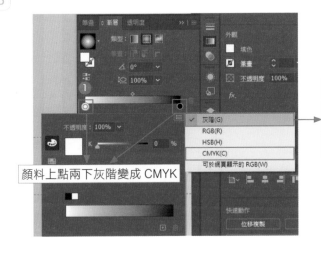

顏色上點兩下灰階變成 CMYK，由於第一次上色，顏色是灰階狀態，記得將顏色變成 CMYK 再來編輯選色

顏料上點兩下灰階變成 CMYK

點選顏色點兩下，將顏色改成「淺橘色」以及「深橘色」。

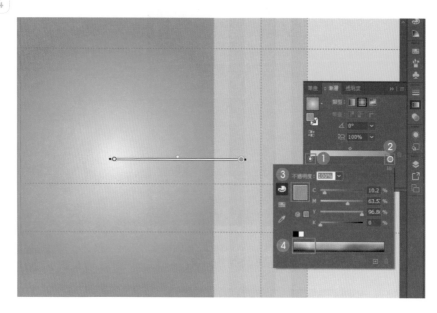

漸層顏色使用放射狀漸層顏色，可以點選圖片上的中間點往上移動出現「放射狀漸層」，也可以局部調整漸層的位置。

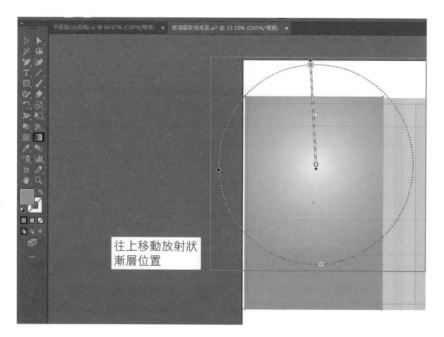

step 06

點選「視窗 > 透明度」，將漸變模式調整為「色彩增值」，讓漸層變的有半透明感。

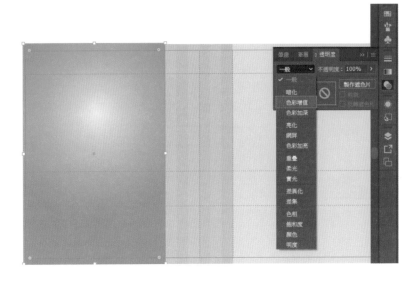

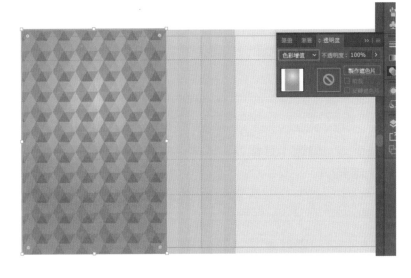

step 07
利用「選取工具」點選左邊完成的漸層，按下「Alt」壓住向右拖曳不放複製，側邊的部分設計也加上漸層半透明度，再利用「漸層工具」局部調整漸層的方向。

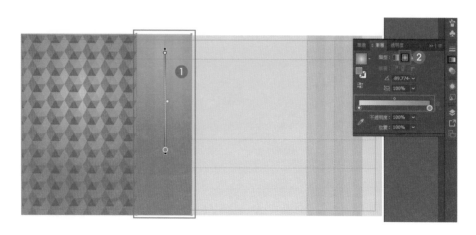

10-2-5　巧克力標準文字設計

設計一款屬於自己的標準文字，利用一般的文字，將文字建立外框之後，可以開始創作，並且在文字內可以加上一些與主題相關的圖樣。本範例可以加入咖啡豆的元素。

step 01
點選「文字工具」在畫面點一下輸入「Chocolate」後，調整字型樣式，點選「視窗 > 文字 > 字元」。

step 02
利用「選取工具」點選畫面中的文字，按下滑鼠右鍵選擇「建立外框」。

step 03
再按下滑鼠右鍵選擇「解散群組」，將文字拆開來可以單獨編輯文字。

step 04
接著製作標題文字的副標文字，使用「文字工具」在圖片上點一下輸入文字「Chocolate」，再調整字型大小後，使用「選取工具」點選文字，按下滑鼠右鍵選擇「建立外框」。

step 05
製作咖啡豆圖案，在工具列中點選「橢圓形工具」，重新填色為「白色」，保留筆畫框線顏色。

step 06 接下來利用「鋼筆工具」，填色不填顏色，只有筆畫線條有顏色方式描繪曲線線條。

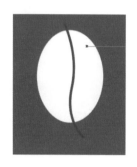

step 07 使用「選取工具」點選繪製完成的線條，將線條展開。展開的目的是要將線條變成填色狀態，以利後面填色方便使用，點選「物件 > 展開」。

在展開面板中，將「填色」和「筆畫」狀態選項都打勾。

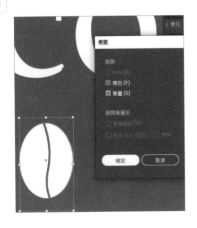

接下來要將黑色展開的線條在圓形上方製作出一點咖啡豆中間的縫隙，可以使用「路徑管理員」方式將上層黑色部分去除。

step 10 用「選取工具」同時框選畫面中所有色塊，點選「視窗 > 路徑管理員 > 形狀模式 > 減去上層」功能，可以將上層的黑色色塊去除。

step 11 將最上面那一層黑色色塊去除掉之後，按下滑鼠右鍵選擇「解散群組」，就可以將兩片咖啡豆單獨編輯。

step 12 最後再將畫面中「o」的文字以咖啡豆取代，編輯完成後再框選畫面中所有的文字，以及咖啡豆圖片。按下滑鼠右鍵選擇「群組」，將所有文字群組加上陰影效果，讓文字看起來更加立體。

將「o」的文字
以咖啡豆取代

step 13 點選「效果 > 風格化 > 製作陰影」，讓文字看起來更加立體。調整陰影參數「模式為色彩增值、X：2.489 mm、Y：2.489 mm、不透明度為80%」、「模糊為 1 mm，陰影顏色為黑色」，按下「確定」按鈕。

手提袋平面圖完成了！

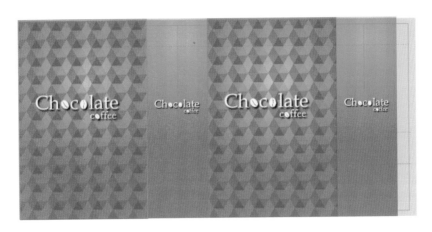

MEMO ...

11

日本旅行
明信片設計

適用：CC 2020-2022

💡 設計概念

明信片設計正面使用風景景點為主，邊框設計配色與照片主色調為相同顏色，背景使用影像描圖簡化顏色效果，可以突顯畫面視覺效果。

⚙️ 軟體技巧

使用筆刷效果製作邊框，明信片正面圖片使用剪裁遮色片，並使用符號元件製作愛心圖樣；明信片背面使用影像描圖效果，利用線段工具繪製直線條，並調降透明度讓畫面看起來較乾淨。

📑 檔案

✦ 第 11 章 > 明信片完成 1.jpg、明信片完成品 .jpg

✦ 第 11 章 > 使用素材 > 圖片 > 01 (1)、01(2).jpg

✦ 第 11 章 > 使用素材 > 使用文字 .txt

▶ 首先置入圖片製作剪裁
遮色片,將圖片置入在
圓角矩形色塊內。

▶ 加入愛心符號元件。

▶ 利用「鋼筆工具」
描繪富士山和東
京鐵塔圖樣。

▶ 製作右上角圓型郵票效果。

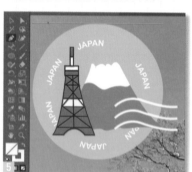 

▶ 「筆刷工具」製作
筆畫框效果。

▶ 利用「鋼筆工具」製作郵戳
效果,製作文字路徑效果。

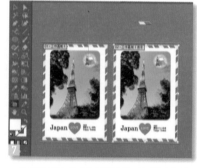

▶ 設計完成正面明信片設計稿
件,再利用工作區域工具複
製正面工作區域範圍、產生
背面工作區域,再修改內容
設計。

11-1 日本旅行明信片設計

Section

11-1-1 新增一個明信片的空白尺寸

step 01

新增一個空白的頁面開始，首先點選「檔案 > 新增」，選擇「列印」，「單位為公釐，寬度為 100 mm、高度為 145 mm」，「出血設定：3 mm、色彩模式：CMYK、點陣特效：300 ppi」，設定完畢之後按下「建立」按鈕。

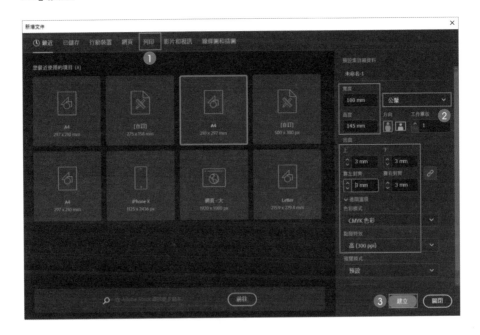

首先置入圖片，點選「檔案 > 置入」，點選第 11 章的 「使用素材 > 圖片 > 01 (2). JPG」。置入圖片之後，記 得在上方控制面板按下「嵌 入」，將圖片嵌入在該檔案 裡，以避免下次檔案開啟圖 片會遺失。

連結檔案   文字輸入 .jpg RGB PPI: 350   嵌入

將圖片製作成剪裁遮色片。 先把圖片置入在圓角矩形內， 點選工具列列中的「矩形工 具」繪製一個矩形，繪製完 畢之後覆蓋在照片上面。

將矩形變成圓角矩形，在矩 形四邊分別有 4 個小小的圓 形，點選四邊的圓形，往內 移動會變成圓角矩形。

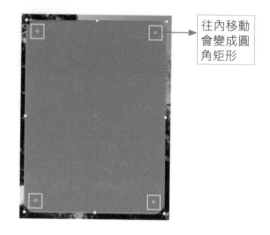

往內移動
會變成圓
角矩形

選擇工具列中的「選取工具」框選畫面中的矩形跟圖片，按下滑鼠右鍵「製作剪裁遮色片」。

在工作區域裡面要將圖片置中對齊，點選「視窗 > 對齊」，開啟對齊面版。在對齊面版右下角，選擇「對齊工作區域的垂直居中、水平居中」選項，這樣圖片就會在畫面的最中間。

11-1-2　建立明信片邊框筆刷

製作明信片外框設計概念，參考西式信封的藍白紅邊框效果來設計發想。

step
01

製作明信片的藍白紅邊框效果。首先選擇「矩形工具」繪製一個矩形色塊，分別繪製藍白紅三個矩形，再框選三個矩形色塊，按下滑鼠右鍵選擇「群組」，再利用工具列中的「傾斜工具」微傾斜這三個圖。

step
02

接下來，將製作完成的藍白紅傾斜的矩形色塊建立筆刷，框選畫面中的三個矩形物件色塊，在「視窗 > 筆刷面板」，將它拖曳到筆刷面板裡。

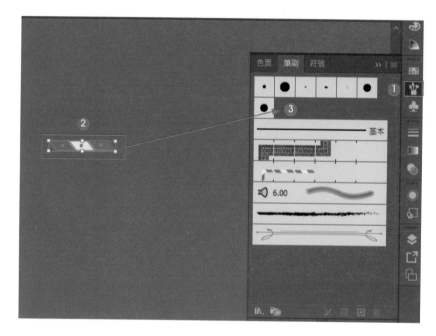

step
03

在筆刷面板中會跳出「新增筆刷」面板，點選「圖樣筆刷」選項，按下「確定」按鈕。建立完成後，再用矩形工具繪製一個框。

step
04

套用建立好的筆刷，在工具列中選擇「矩形工具」使用筆畫方式上色，繪製一個矩形框貼齊工作區域。

step
05

再套用剛才建立的筆刷，點選「筆刷面板」點選筆刷直接套用即可。

11-1-3 建立愛心符號元件

在明信片中加上愛心圖樣，可以使用套用軟體裡面的「符號」面板中的元素，節省設計時間。

step
01

點選「視窗 > 符號」，展開「符號面板」，點選符號資料庫選單。

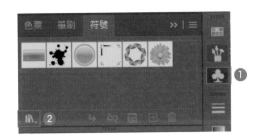

<table>
<tr>
<td>step
02</td>
<td>再點選「網頁圖示」選項，網頁圖示選項內有很多很實用的網頁按鈕符號元件可以使用。</td>
<td>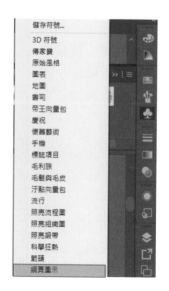</td>
</tr>
</table>

<table>
<tr>
<td>step
03</td>
<td>將面板中的「愛心圖案」拖曳至圖片上使用。</td>
<td>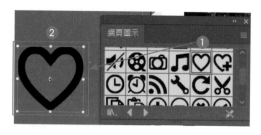</td>
</tr>
</table>

<table>
<tr>
<td>step
04</td>
<td>點選愛心圖案，按下滑鼠「右鍵 > 打斷符號連結」，將圖案打斷之後可以重新編輯填色。</td>
<td></td>
</tr>
</table>

step 05 接著框選愛心圖片後，點選「物件 > 即時上色 > 製作」，先將圖示製作即時上色功能，再填入顏色。

step 06 在工具列中選擇「即時上色油漆桶工具」重新填色為「紅色」，將紅色顏色填入愛心圖案。

接著，將愛心圖案置中在畫面正中間，點選「視窗 > 對齊」，將對齊至「對齊工作區域」選項打勾，再來選擇「垂直居中對齊」，將愛心圖案擺放在明信片的正中間。

接著輸入文字，使用「文字工具」畫面點一下輸入文字「LOVE」後，點選「視窗 > 文字 > 字元」，修改文字為「字型 Arial、樣式 Regular」，文字級數約 8 pt，修改顏色為「白色」。

11-1-4 製作鐵塔 LOGO

利用「鋼筆工具」以及「幾何圖工具」製作出鐵塔 LOGO。

step 01 首先繪製一個正圓形，點選工具列中選「橢圓形工具」，壓住「Shift」繪出一個正圓形，並且修改顏色為「藍色」。

step 02 使用「鋼筆工具」，設定填色不填色，再使用筆畫為「黑色」線條，描繪富士山的外型。注意線條不要斷掉。

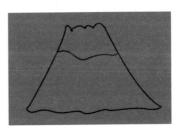

step 03 框選畫面中的圖形，點選「物件 > 即時上色 > 製作」。

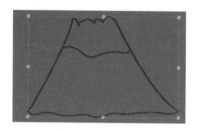

step 04 再用「即時上色油漆桶工具」重新填色，上面填入白色，下面填入藍色。

step 05 填色完畢之後，再將筆畫顏色取消。

step
06

接下來描繪東京鐵塔。首先
選擇「矩形工具」，使用筆畫
上色「黑色」的方式來描繪
外型。

step
07

內部細節線條使用「鋼筆工
具」，在工具中的填色顏色設
為「不填顏色」、筆畫為「黑
色」上色的方式來描繪細節。

step 08

描繪完畢之後，框選畫面中的圖形，選擇「物件 > 即時上色 > 製作」，再度利用「即時上色油漆桶工具」重新填入顏色。

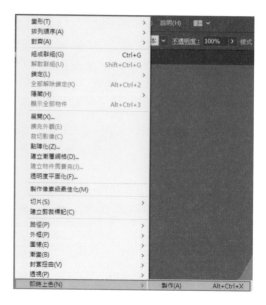

11-1-5 製作圓形文字路

step 01

點選「橢圓形工具」壓住「Shift」壓住不放繪製一個正圓後，在工具列中選擇「路徑文字工具」，將「路徑工具」壓在所繪製好的圓形圖樣上面，並且輸入文字「JAPAN」。

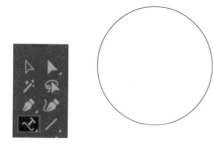

step 02

這時輸入的文字會順著圖形外圍，再修改「字型大小調整、字距調整、字型的樣式」，以及文字顏色修改為「白色」。

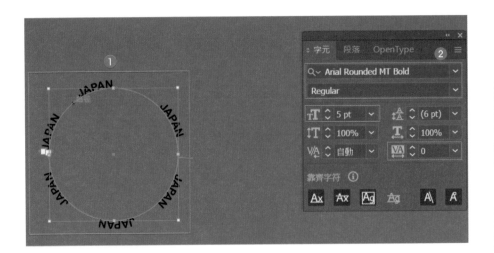

11-1-6　繪製郵戳

step
01

描繪郵戳線條，點選工具列中的「鋼筆工具」，不填色使用筆畫顏色為「白色」，描繪曲線線條。

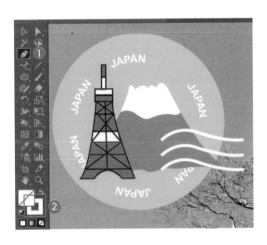

11-1-7　製作明信片背面版面設計

利用工作區域工具功能，複製工作區域將原本設計好的版面工作區域複製，延伸背面版面的設計。

在工具列選取「工作區域工具」，點選圖片上的工作區域，按下「Alt」壓住不放拖曳複製，往右移動複製後，按下「Esc」鍵可以取消工作區域功能。右側的版面複製完成後，再刪除設計稿件的內容，下一個單元要進行明信片背面設計練習。

複製完成後，刪除設計稿件的內容，做明信片背面設計

11-1-8　影像描圖普普藝術風格

明信片背面設計風格使用普普藝術風影像描圖功能來設計，設計的重點可以簡化背面的顏色，顏色也可以減量設計。因為背面會拿來書寫文字內容，因此不要設計太過複雜的背景底圖。

step 01 首先置入圖片。點選「檔案 > 置入」,將第 11 章「使用素材 > 圖片 > 01 (1).jpg」檔案置入,並點選上方控制面板的「影像描圖」按鈕,將點陣圖片變成向量圖片。

step 02 在上方控制面板選擇「預設集:6 色」,點選「影像描圖面板」後,展開進階選項,「路徑調整為 100%、轉角調整為 100%、雜訊調整為 1 px」。

<table>
<tr>
<td>

step 03

</td>
<td>

影像描圖完畢後，接著製作剪裁遮色片。將圖片置入在矩形框內，在工具列中點選「矩形工具」，框選與工作區域相同尺寸大小的框，蓋在圖片上面，再同時框選底下的圖片，按下滑鼠右鍵「製作剪裁遮色片」。

</td>
<td>

</td>
</tr>
</table>

step 04 調整圖片不透明度，點選「視窗 > 透明度」調整不透明度為「40 %」。

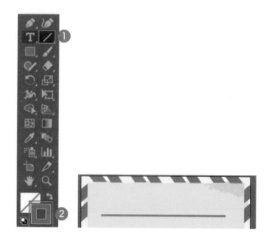

11-1-9　明信片背面線條製作

製作明信片背面可以書寫文字的區域，利用工具列中線段工具繪製直線條。

step 01 繪製直線條，點選工具列中「線段工具」壓住「Shift」不放，繪製一條直線，並修改筆畫顏色為「藍色」。

step 02

利用「選取工具」點選畫面中描繪的線條,再點選「視窗 > 筆畫」,設定筆畫的寬度,寬度輸入「2 pt」,調整線條粗細。

step 03

利用「選取工具」點選線條,壓住「Alt」鍵拖曳不放,複製完畢之後,按下複製變形「Ctrl+D」快速鍵,將整個畫面複製橫線條。

11-1-10　製作外光暈效果

讓有底色襯底的背景,在文字上可以使用外框效果,增加文字的立體感。

step 01

點選工具列中的「文字工具」,開啟第11章使用素材資料夾中的「使用文字.txt」文字檔,將文字拷貝並貼在 Illustrator 軟體內使用。將文字調整適合尺寸畫面大小,編排完成後,先框選文字與圖片,按下「Ctrl+G」鍵將物件群組。

step 02　點選「效果 > 風格化 > 外光暈」，製作外光暈效果，讓物件看起來更加立體。

step 03　調整參數，在外光暈面板中設定「模式為一般，顏色為白色，不透明度為 100%、模糊為 2 mm」，設定完成，再按下「確定」按鈕，即完成明信片背面設計。

12

日本主題
風景月曆設計

適用：CC 2020-2022

設計概念

設計雙面的月曆設計，正面設計風格使用景點照片為主，背面上半部也使用剪裁遮色片效果，下方為文字月曆編排。

照片顏色色降低彩度，調整飽和度較低，以冷色調為主。

軟體技巧

置入圖片使用剪裁遮色片，剪裁在形狀內，正面月曆設計右下角的圖片文字利用複合路徑製作。

建立圖片中的建立剪裁遮色片效果。

再利用工作區域工具複製背面工作區域，再利用文字工具編排日期。

檔案

✦ 第 12 章 > 使用素材 > 1(1).JPG~1(13).JPG、日期 .ai

✦ 第 12 章 > 月曆設計 _ 工作區域 1 複本 .jpg、月曆設計 _ 工作區域 1.jpg

▶ 置入圖片檔呈現滿版效果,再將圖
片建立剪裁遮色片。

▶ 文字製作複合路
徑後,再來建立
剪裁遮色片。

▶ 複製工作區域,建立剪裁遮色片
後,再製作效果中的陰影效果。

▶ 利用「文字工具」編排文字。

12-1 日本主題風景月曆設計

Section

12-1-1　開啟新的頁面，置入圖片檔案

^{step}
01　新增一個新的空白畫面，點選「檔案 > 新增文件」選擇「列印」，尺寸為「A4」。在局部設定版面尺寸大小為「寬度：100 mm、高度：150 mm，出血設定：3 mm、色彩模式：CMYK、解析度：300 ppi」，按下「建立」按鈕。

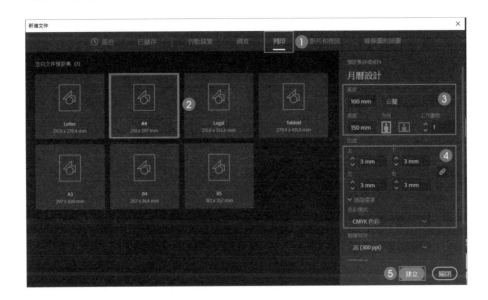

^{step}
02　點選「檔案 > 置入」第 12 章的「使用素材 > 1 (13) .jpg」圖檔，再到上方的控制面板按下「嵌入」，將圖片嵌入在該視窗中。

12-1-2　製作剪裁遮色片圖框只在紅線出血框內

將置入的圖片超過出血畫面的範圍製作剪裁遮色片，可以修飾畫面的美觀以及完整性。點選工具列中的「矩形工具」，繪製一個白色矩形色塊，蓋在圖片上面，矩形框的尺寸大小需要超過紅色出血框線。

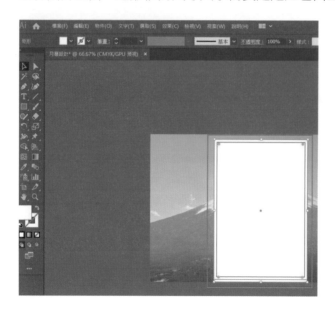

> **TIPs**
>
> 印刷專用名稱「出血」，代表原印刷品尺寸滿版以外的尺寸，常見的出血尺寸約 3 mm，在軟體內以紅色線條表現。

step 02 再用工具列中的「選取工具」框選畫面中的圖片，以及白色矩形色塊，按下滑鼠右鍵選擇「製作剪裁遮色片」。

12-1-3　製作圖片暗角效果

製作圖片暗角效果可以讓圖片邊邊角角的地方看起來不會太亮，可以微降低顏色色彩。

step
01

首先在工具列中點選「矩形工具」繪製一個矩形，該矩形貼齊紅色出血框，覆蓋在照片上方，再點選「漸層工具」，並且在漸層工具上點兩下。

step
02

在右側的進階面板會跳出「漸層面板」，在顏料上點一下，右上角「選項■」點一下可以調整顏色，由「灰階變成 CMYK」將顏色變成彩色，並且修改顏色。

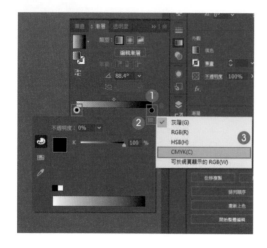

step 03

顏色的部分左邊的顏色填色為藍色，不透明度調整為 0%；右邊同樣也設定為藍色，不透明度調整為 100 %。再使用「漸層工具」，漸層類型為「線性漸層」，由下往上拉出線性漸層。

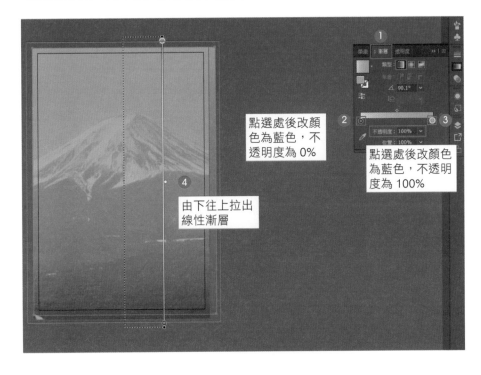

點選處後改顏色為藍色，不透明度為 0%

點選處後改顏色為藍色，不透明度為 100%

由下往上拉出線性漸層

step 04

點選「視窗 > 透明度」，調整「漸變模式」為「色彩增值」、「不透明度：100 %」。

12-1-4　製作剪裁遮色片的文字效果

文字內容物內有圖片效果，在設計裡面算是很常見的手法，該設計手法可以運用 Illustrator 內的剪裁遮色片效果完成。

step 01　首先在「工具列」中選擇「文字工具」，輸入文字「2028、Japan、Mount Fuji」，字型建議文字選擇「粗黑字體」與字型大小，這樣才可以看得到文字內的圖片素材。

step 02　在工具列中選擇「選取工具」點選畫面中的文字，按下滑鼠右鍵選擇「建立外框」，先將文字變成物件狀態。

step 03

要進行製作剪裁遮色片之前，先利用「選取工具」選取畫面中的文字，再點選「物件 > 複合路徑 > 製作」。

step 04

接下來再置入一張圖片，點選「檔案 > 置入」第 12 章的「使用素材 > 1 (8) .jpg」，將圖片置入後，點選圖片按下滑鼠右鍵選擇「排列順序 > 移至最後」，將圖片移至文字的最下方。

step 05

再利用「選取工具」框選畫面中圖片以及文字物件，按下滑鼠右鍵選擇「製作剪裁遮色片」。

step 06 畫面跳出的選項請按下「是」按鈕，剪裁遮色片的文字效果完成。

step 07 接下來製作疊字效果。所謂疊字效果的意思是，文字有筆畫框的效果。首先利用「選取工具」點選圖片，壓住「Alt鍵」不放拖曳複製文字，在「視窗 > 筆畫」，設定寬度「4pt」，筆畫顏色為「白色」。

step 08 這時畫面會有兩組文字，一組是文字遮色片、另一組是白色筆畫效果文字，同時將筆畫文字以及圖片疊在一起，筆畫框的文字要置放在遮色片照片底下。

step 09 最後框選畫面中的筆畫文字以及圖片文字，按下「Ctrl+G」鍵先群組畫面中的文字，再點選「效果 > 風格化 > 製作陰影」，製作一個陰影效果。

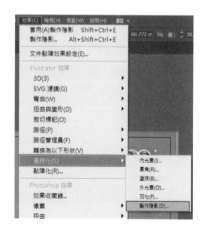

step 10 調整陰影顏色，「模式：色彩增值、不透明度：75%，X 位移：1 mm、Y 位移：1 mm、模糊：1.76 mm」，設定完成後，按下「確定」按鈕。

TIPs

設計過程中物件會縮放大小，如有使用到筆畫或是效果，希望在調整設計稿件時，物件在縮放過程內能等比縮放筆畫，可以點選「編輯 > 偏好設定 > 一般」，將「縮放筆畫和效果」打勾即可。

12-1-5　複製工作區域

step 01 製作正反面的月曆。點選工具列中的「工作區域工具」，先點選已經製作好的左邊版面，再按下「Alt 鍵」拖曳複製後，將版面中的圖片刪除。

左邊

step 02 接著製作背面的月曆畫面，點選「檔案 > 置入」第 12 章的「使用素材 > 1 (2) .jpg」圖片，圖框一樣要貼齊畫面中的上左右的出血框範圍。

step 03　將左邊完成的文字效果複製一組至背面使用，在工具列中「選取工具」點選文字，按下「Alt」鍵壓住不放往右移動，這時只需要微調修改陰影參數，點選「視窗 > 外觀」，製作陰影點兩下，便可以進入編輯陰影面板的參數設定。

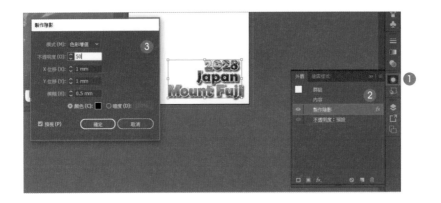

step 04　將圖片置入在圓角矩形形狀框內，上方的圖片製作剪裁遮色片，工具列中選擇「圓角矩形工具」繪製一個圓角矩形，不填顏色只保留筆畫顏色，蓋在照片最上層。

step 05　框選底下照片和圓角矩形，按下滑鼠右鍵選擇「製作剪裁遮色片」。

接著製作陰影效果來增加立體感。點選畫面中的圖片，再點選「效果 ＞ 風格化 ＞ 製作陰影」，設定「調整模式：色彩增值、不透明度；50%」、「X 位移：1 mm、Y 位移：1 mm，模糊：0.5 mm、顏色選擇黑色」。

12-1-6 輸入日期文字

點選工具列中的「文字工具」，在畫面中的工作區域上點一下輸入文字，這裡可以開啟第 12 章的「使用素材 ＞ 日期 .ai」檔案，將文字拷貝後並貼上使用，再點選「視窗 ＞ 文字」展開文字面板，反選畫面中的文字，調整字元為「Adobe 繁黑體」，再調整「文字行距 14.15 pt、文字大小 8 pt」。

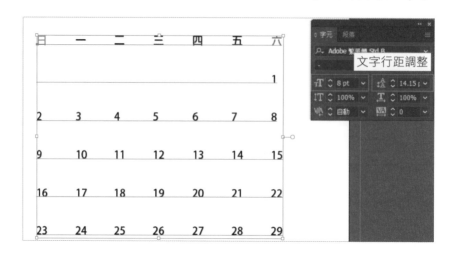

step
02

點選工具列中的「線段工具」，修改筆畫顏色為「藍色」，再壓住「Shift」
鍵不放繪製一條水平線條，調整筆畫粗細點選「視窗 > 筆畫」可調整筆
畫寬度，即完成風景月曆設計了。

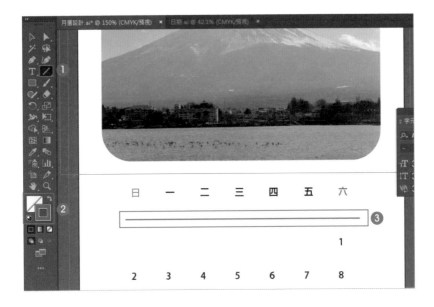

完成品。

MEMO ...

13

日本東京旅遊海報設計

適用：CC 2020-2022

設計概念

海報設計以日系風格為主，整張圖片使用冷色調呈現。

海報上方的標題文字為暖色調漸層顏色為主，景點全部都為日本富士山為主，圖片使用拍立得相片效果製作。

標題文字橘黃色、主要照片版面為藍色調，主要配色為互補色的搭配配色。

軟體技巧

本單元為 Photoshop 以及 Illustrator 穿搭搭配使用，使用 Photoshop 完稿所有作品。

在 Photoshop 使用遮色片效果呈現底圖效果，圖層樣式筆畫效果製作拍立得效果，製作圖層樣式陰影效果增加立體感。

在 Illustrator 內製作同心圓放射狀效果，再用即時上色填入顏色。製作完畢後，拷貝貼入 Photoshop 貼入，再到 Photoshop 製作圖層樣式樣式，陰影效果加強立體，標題文字使用圖層樣式的漸層效果，以及筆畫效果並且完稿。

檔案

✦ 第 13 章 > 使用素材 >
  01 (1).ai、
  01 (14).JPG、
  01 (18).JPG、
  01 (19).JPG、
  01 (20).JPG、
  01 (21).JPG、
  01 (22).JPG、
  01 (23).JPG、
  01 (24).JPG、
  01 (25).JPG、
  放射狀完成品 .ai
✦ 第 13 章 > 完成品 .psd

▶ 本章是運用 Photoshop 以及 Illustrator 來設計海報。先在 Photoshop 置入圖片。

▶ 圖片使用 Photoshop 製作圖層樣式筆畫效果,以及陰影效果,製作完成後,建立物件樣式,套用在其他圖片使用。

▶ 在 Illustrator 製作同心圓向量元素,使用即時上色油漆桶工具填入顏色。製作完畢後並且拷貝,貼入 Photoshop 製作效果。

▶ 將製作完成的元件複製佈滿整個畫面。

▶ 文字標題使用圖層樣式漸層樣式,並製作圖層樣式筆畫效果,再來製作陰影效果。

13-1 日本東京旅遊海報設計

Section

13-1-1 開啟一個新畫面

step 01 開啟 Photoshop 軟體,新增一個海報尺寸頁面,點選「檔案 > 開新檔案」,首先點選「列印」,設定「A4」尺寸,並且選擇「列印」選項,「背景內容:白色、解析度:150 像素 / 英吋、色彩模式:RGB」,設定完成按下「建立」按鈕。

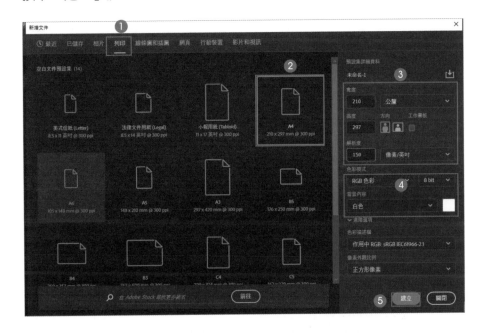

> **TIPs**
>
> 解析度設定為 150 ppi 可以在一般印表機上列印。
> 色彩模式:RGB,使用一般印表機列印,顏色比較鮮豔。

點選「檔案 > 置入」第 13
章的「使用素材 > 01 (25).
jpg」，置入後調整圖檔寬
度符合版面尺寸後，按下
「Enter」鍵。

13-1-2　調整照片亮度以及對比度

接下來，調整圖片的亮度，
讓圖片看起明亮。開啟「調
整面板」，點選「視窗 > 調
整」，調整「亮度 / 對比」。

step
02

在圖層中會產生一個「亮度／對比」的圖層。

step
03

在「亮度／對比」面板中，調整「亮度為 18」加強圖片亮度，在「對比度調為 -3」，調降照片對比反差。

13-1-3　調整片色階效果

調整照片的視覺反差效果，可以使用色階面板中的效果，陸續在檔案中增加圖片，利用調整面版製作照片反差、調色效果。

step
01

點選「檔案 > 置入」第 13 章的「使用素材 > 01(6).jpg」圖檔，置入後在「調整」面板中調整照片的「色階」，增加圖片的反差效果。

step
02

由於圖層中的圖片以及調整效果越來越多，在調整的功能選項中，如果只想針對底下單張圖片進行調整效果設定，必須在調整面板中製作「建立剪裁遮色片」設定。

step 03　點選圖層中的「色階效果」圖層，只針對圖層下方圖片進行色階調色功能，在圖層上方點一下，按下滑鼠右鍵選擇「建立剪裁遮色片」。

step 04　建立完圖層中的「剪裁遮色片」之後，可以單獨調整照片的色階效果。

step 05　調整色階增加圖片反差，分別設定參數為「0.81、255」。

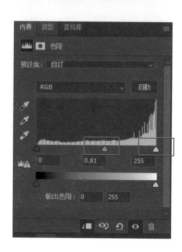

13-1-4 調整照片曝光度效果

step 01 接著點選「檔案 > 置入嵌入物件」置入第 13 章的「使用素材 > 照片」，置入後可以繼續調整照片的「曝光度」，此調整方式也是在攝影照片常使用的手法。

step 02 在圖層上點一下，按下滑鼠右鍵選擇「建立剪裁遮色片」，將顏色嵌入給下方顏色使用。

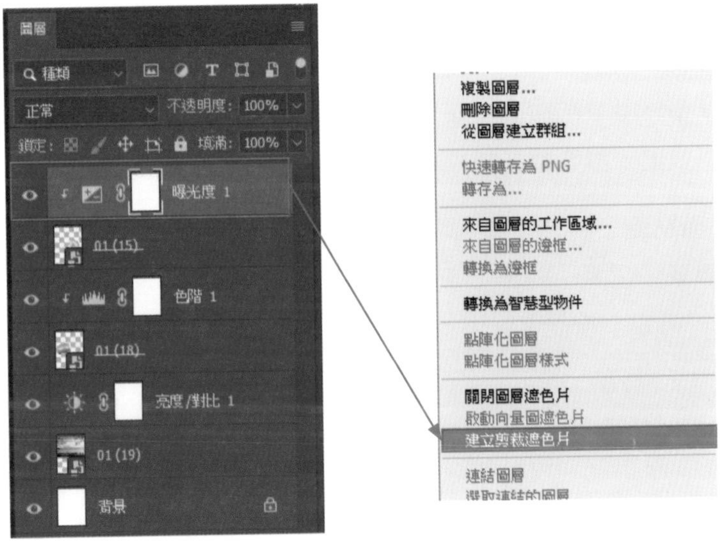

<table>
<tr>
<td>_{step}
03</td>
<td>調整曝光度的參數,「曝光度
調整亮度 -0.17、調整偏移量
+0.0917、Gamma 校正為 1」。</td>
<td></td>
</tr>
</table>

13-1-5　製作即可拍照片效果

照片拍立得效果也是常見的照片編排手法,照片邊框有白色邊框效果,在照片下方也增加陰影效果,讓照片看起來更立體。

<table>
<tr>
<td>_{step}
01</td>
<td>在圖層上面點兩下進行「圖層樣式」設定,筆畫選項打勾,設定「尺寸調整 16 像素、位置:內部、填色類型:顏色、顏色:白色」,設定完成後,按下「確定」按鈕。</td>
</tr>
</table>

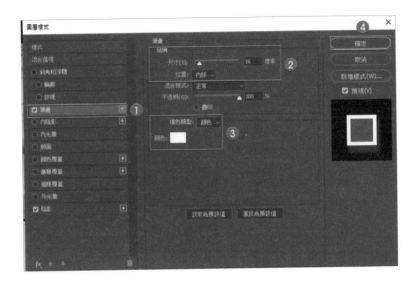

step 02

將圖層樣式的「陰影」選項打勾,「混合模式:正常、修改顏色黑色、不透明度:46%、尺寸:18 像素」,調整後按下「確定」按鈕。圖片增加同色系的深藍色底色當作陰影底色,可以讓畫面看起來更加立體。

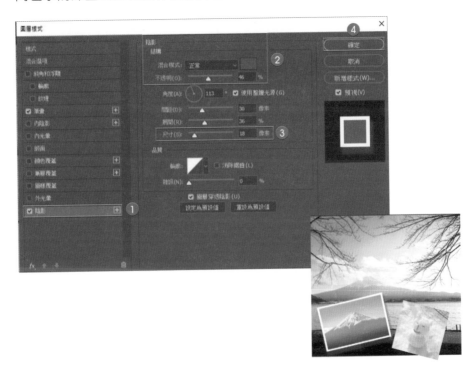

13-1-6 利用 Illustrator 軟體製作向量素材製作同心圓圖案

step 01 首先在 Illustrator 設定一個新的空白頁面。開啟 Illustrator 軟體,「檔案 > 新增 > 列印,尺寸 A4、方向選垂直,色彩模式:CMYK 色彩,點陣特效 300 ppi」,設定完成按下「建立」按鈕。

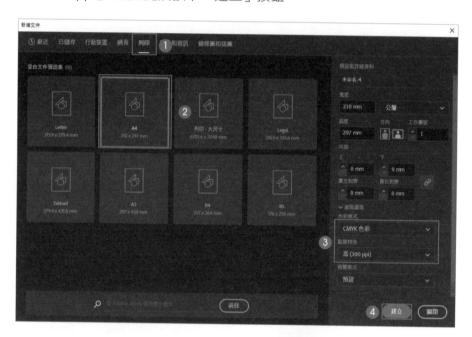

step 02 製作一個同心圓圖案,將同心圓圓形控制在三至四個重複變形放大的圓形,點選工具列中選擇「橢圓形工具」,工具列中的「填色不填顏色,筆畫改為黑色」,對著畫面「Shift」鍵壓住不放,繪製一個正圓形。

step 03 接下來設定該正圓形的尺寸大小，點選「視窗 > 變形」，開啟變形面版，重新調整物件尺寸大小，「寬度為 50 mm、高度為 50 mm」。

step 04 製作同心圓複製橢圓形效果，「選取工具」點選畫面中的正圓形，在點選上方控制面板中的「物件 > 變形 > 個別變形」。

step 05 開啟個別變形面板，製作複製變形縮放，設定「縮放選項水平為160%、垂直為160%」，並且按下「拷貝」按鈕，電腦才會記錄設定進行拷貝圓形的動作。

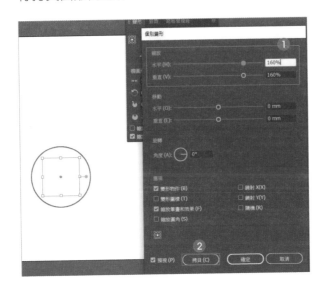

<table>
<tr><td>step
06</td><td>重複按「Ctrl+D」快速鍵，
讓圓形複製變形。</td><td>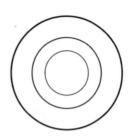</td></tr>
</table>

13-1-7　即時上色填入顏色

<table>
<tr><td>step
01</td><td>將複製完畢的圓形填入顏色，使用「選取工具」框選畫面中複製多組的圓形，在上方控制面板中點選「物件 > 即時上色 > 製作」，進行即時上色製作功能設定。</td></tr>
</table>

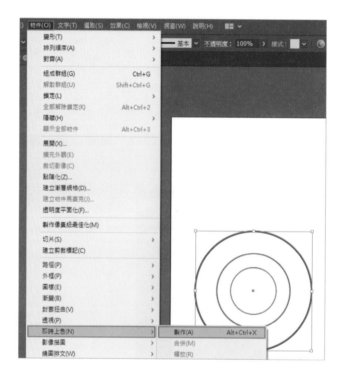

step 02　在工具列中點選「即時上色油漆桶工具」重新填色，該單元顏色設定為「藍色」。

step 03　在配色的運用可以使用跳色方式上色，如使用深藍色以及淺藍色配色。

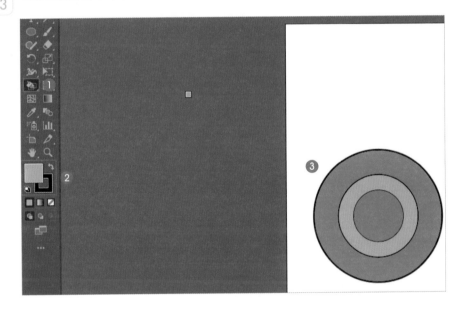

step 04　當全部顏色填入顏色配色完畢之後，再框選畫面中的圓形，將筆畫顏色取消。

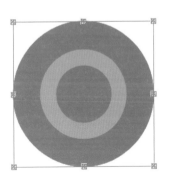

13-1-8　在 Photoshop 軟體製作陰影效果

在 Illustrator 製作完畢之後，再將畫面中的元件拷貝貼入 Photoshop 整合，在 Photoshop 製作陰影效果。

在 Photoshop 圖層上面點兩下，展開圖層樣式面板「陰影的選項打勾」，設定「混合模式：正常、顏色：藍色、不透明度：55%、角度：121、尺寸：35 像素」，調整後按下「確定」按鈕。

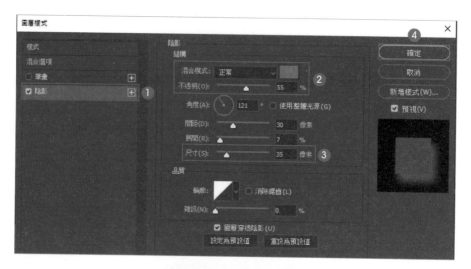

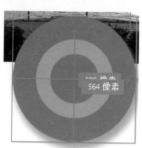

13-1-9　在 Photoshop 複製同心圓

將設計完成的同心圓陰影效果複製，複製鋪滿整個畫面並且排版加以美化。

點選畫面中的同心圖層，按下「Ctrl+J」快速鍵複製多組的圓形，並調整大小以及編排畫面中的圖片。調整畫面中的同心圓可以點選上方控制面板中的「編輯 > 任意變形」功能調整物件大小，記得按下「Shift」鍵可以等比調整圓形大小，調整完成後按下「Enter」鍵。

13-1-10　在 Photoshop 製作標題文字以及副標題文字

step 01　利用工具列中「文字工具」，重新填色顏色為「白色」，畫面點一下分別輸入文字「Tokyo Tower、Shinjuku、Kyoto、Fuji、Mount」。

<table>
<tr><td>step
02</td><td>輸入文字後，反選畫面中文字，點選「視窗 > 字元」修改文字字型，設定「文字樣式以及大小、字元距離，調整字型顏色為白色」。建議文字樣式可以選稍微粗一點的字體，使畫面更有張力。</td><td>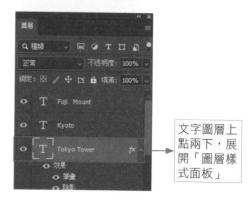</td></tr>
</table>

<table>
<tr><td>step
03</td><td>增加文字的筆劃漸層效果，建議可以使用藍色的互補色「黃色」。在圖層樣式建立文字筆畫效果，於文字圖層上點兩下，展開「圖層樣式面板」。</td><td></td></tr>
</table>

文字圖層上點兩下，展開「圖層樣式面板」

step
04 將「筆畫」選項打勾，展開筆畫面板進行圖層樣式中的筆畫選項設定。修改筆畫顏色，點選顏色面板進入編輯。

圖層樣式

step 05　修改顏料顏色，修改顏色為「黃色」，此時可以在漸層滑桿下方增加顏色，將筆畫顏色調為漸層顏色，運用深黃色與淺黃色穿插配色。

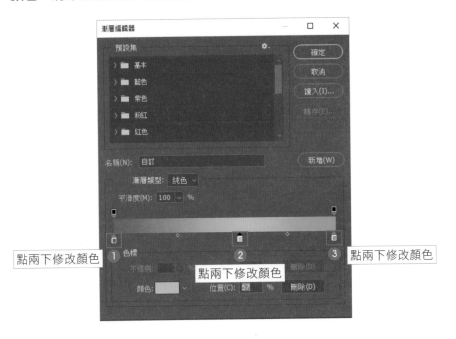

step 06　筆畫效果製作完成之後，在圖層樣式將「陰影選項打勾」，圖層樣式會記錄先前製作的「藍色」陰影效果參數，直接打勾套用即可。

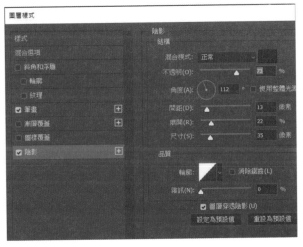

完成品。

13-1-11　建立圖層樣式

建立筆畫以及陰影圖層樣式。可以利用樣式面
板功能建立圖層樣式，套用在各文字上使用。
首先點選「視窗 > 樣式」，點選「建立新增樣
式」。

將圖層樣式名稱改為「文字效果」，建立完成
後按下「確定」按鈕。之後只要點選其他文字
套用「文字效果」的樣式設定，畫面中的每一
個文字即可套用「文字效果」的樣式。

13-1-12　海報 Lomo 效果

Lomo 效果風格設計可以增加海報的層次感，讓畫面四邊看起來更加立體。

step 01
製作 Lomo 效果。首先點選圖層面板中的「建立新填色或調整圖層 >
純色」，增加顏色為「藍色」，並將不透明度改為「80%」，調整半透明
感。

step 02
將建立完成的純色顏色藍色覆蓋在圖層上，接下來圖層中點利用「遮色
片的功能」將不要的部分刷掉。

首先在工具列中設定筆刷以及前景顏色，再進行遮色片筆刷效果。點選
工具列中的「筆刷工具」，設定「前景色顏色為黑色，上方控制面板選擇
柔邊圓形，不透明度為 50%」。

<table>
<tr><td>step
03</td><td>接著點選純色圖層上的遮色片，
將多餘部分刷除。</td></tr>
</table>

TIPs 遮色片顏色

黑色代表隱藏範圍；白色代表顯
示範圍；灰色代表半透明度。

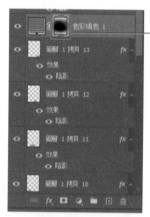

點在遮色片
上，利用筆
刷工具前景
色為黑色，
使用柔邊圓
形，將不要
部份塗掉

最後作品就完成了。

PHOTOSHOP X ILLUSTRATOR 輕鬆上手學設計(適用 CC 2020 / 2021)

作　　者：楊馥庭(庭庭老師)
企劃編輯：石辰蓁
文字編輯：王雅雯
設計裝幀：張寶莉
發 行 人：廖文良

發 行 所：碁峰資訊股份有限公司
地　　址：台北市南港區三重路 66 號 7 樓之 6
電　　話：(02)2788-2408
傳　　真：(02)8192-4433
網　　站：www.gotop.com.tw
書　　號：AEU017000
版　　次：2022 年 08 月初版
　　　　　2024 年 06 月初版三刷
建議售價：NT$480

國家圖書館出版品預行編目資料

PHOTOSHOP X ILLUSTRATOR 輕鬆上手學設計 / 楊馥庭著. --
初版. -- 臺北市：碁峰資訊, 2022.08
　　面；　公分
　　ISBN 978-626-324-225-8(平裝)
　　1.CST：數位影像處理　2.CST：Illustrator(電腦程式)
312.837　　　　　　　　　　　　　　　　　111009050